U0253831

算力中心的技术架构与基础设施建设研究

陈善冰 / 著

武汉理工大学出版社
·武 汉·

内容提要

以算力为基础的数字信息基础设施越来越成为科技进步、经济社会发展的底座，改变了人类的生产方式、生活模式和科研范式。要紧紧围绕经济社会发展需求，统筹发展和安全，以智能化、绿色化、融合化为主攻方向，一体化推进基础设施建设、产业技术创新和深度融合应用。本书聚焦算力中心设施、服务器、网络、边缘计算、存储、安全和测试等领域，探讨数据处理器、边缘计算、第三方数据中心服务商、算力碳效、源网荷储、绿色设计、可持续发展、智能化运维和算力网络等方面的创新发展。本书可供通信、信息等相关专业的师生及相关领域的从业人员参考阅读。

图书在版编目（CIP）数据

算力中心的技术架构与基础设施建设研究 / 陈善冰著. -- 武汉 : 武汉理工大学出版社, 2024. 9. -- ISBN 978-7-5629-7248-8

Ⅰ. TP393.072

中国国家版本馆CIP数据核字第20245P6A00号

责任编辑：严　曾
责任校对：尹珊珊　　　**排　　版：**米　乐
出版发行：武汉理工大学出版社
社　　址：武汉市洪山区珞狮路122号
邮　　编：430070
网　　址：http：//www.wutp.com.cn
经　　销：各地新华书店
印　　刷：北京亚吉飞数码科技有限公司
开　　本：710×1000　1/16
印　　张：15.5
字　　数：246千字
版　　次：2025年3月第1版
印　　次：2025年3月第1次印刷
定　　价：96.00元

前　言

如何盘活全国现有各类云计算资源池的算力，如何根据计算需求动态、灵活、自动地调用算力，如何根据不同地理区域的特点去统筹规划、建设各类算力，让算力成为国内不同区域经济平衡发展的信息技术基础要素，是摆在行业决策者和技术攻关者面前的难题。在此背景下，算力网络的概念应运而生。我国三大电信运营商及华为等主要设备供应商不约而同地提出了类似的算力网络的概念。数字经济时代，信息基础设施中算力产业被视为推动经济高质量发展的重要引擎，国家的核心竞争力逐渐发展为算力网络能力和水平的竞争。因此，在全球数字经济发展的大背景下，算力网络的研究与应用对于构建国家核心竞争力，助推数字中国的战略有着重要意义。

在全球数字化和绿色化协同发展的大趋势下，算力产业正迎来前所未有的发展机遇。我国算力产业在快速发展的同时，也面临着电力能耗高、低碳转型等挑战。因此，本书首先从全球及我国的算力发展现状出发，分析算力产业的电力能耗和低碳转型的必要性，为后续的绿色化、智能化发展奠定基础。算力网络化是本书研究的重点之一，第2章详细剖析了算力网络化的各个方面，包括算力感知、算力编排等，为构建高效、灵活的算力网络提供了理论支撑。算力绿色化是响应全球绿色发展号召、实现可持续发展的关键环节，第3章深入探讨了算力绿色化的背景、技术和应用场景，以期为读者提供绿色算力的实现路径。在新型电力系统的构建中，“源网荷储”一体化成为新的发展趋势，第4章对此进行了详细阐述，并分析了“源网荷储”互动减碳的关键技术，以期在保障电力供应的同时，实现碳排放的减少。数据中心作为算力中心的重要组成部分，其绿色设计和智能化运维同样不容忽视，第5、6章从设计、节能、可持续发展等多个角度对数据中心进行了全面分析，并提出了智能化运维的理念和实践方法。第7章探讨了算力可信化与云网融合的发展趋势，为算力中心的安全、可靠运行提供了有力保障。

笔者旨在为读者提供一本全面、深入的算力中心技术架构与基础设施建设的参考书。希望通过本书的研究和分析，为算力中心的规划、设计、建设和运维提供有益的指导和启示，进而推动我国算力产业的持续健康发展。

在本书撰写过程中，笔者参考了许多算力相关方面的著作及研究成果，在此，向这些学者致以诚挚的谢意。由于作者的水平和时间所限，书中不足之处在所难免，恳请读者批评指正。

作　者

2024年5月

目　录

第1章　绪　　论

随着全球数字化浪潮的迅猛推进，算力作为数字化转型的核心驱动力，已成为国家竞争力的关键要素。全球算力产业的蓬勃发展带来了经济增长的新动力，但也面临能耗和环保的挑战。如何在保障供给的同时降低能耗、推动低碳转型，成为当前重要的课题。随着对环境保护和可持续发展的重视，算力产业的低碳转型成为重要趋势。

1.1 全球数字化和绿色化协同发展的国际经验及政策

1.1.1 数字化和绿色化协同发展的重要意义和作用机制

在当今全球经济社会发展中，数字化与绿色化无疑扮演着核心引擎的角色。它们如同孪生兄弟，相互依存，相互促进，共同绘制出一幅协同发展的壮丽画卷。前沿数字化技术的发展，为绿色发展注入了强大的动力，显著提升了其效能。同时，绿色发展的理念也如同指南针，引导着数字化技术的创新方向，推动其不断向前发展。这种“双化”协同的策略，在生产领域焕发出勃勃生机，成为推动产业升级的强大动力；在人们的生活领域，它也同样展现出深远影响，引领着生活方式向更加绿色、智能的方向转变。

1.1.1.1 数字化和绿色化协同发展具有重要意义

数字化技术正日益成为碳减排的核心驱动力，为绿色转型筑牢了技术基石。欧盟委员会明确指出，数字化是实现《欧洲绿色协议》宏伟目标不可或缺的一环，其重要性不言而喻。联合国环境规划署亦强调，数字化与绿色化的深度融合是实现可持续发展的必由之路。数字技术不仅催生了绿色创新，提升了环境监测与管理的精准度与效率，更在低碳经济建设中发挥着举足轻重的支撑作用。

国际能源署指出，数字化与绿色化的协同发展对于提升能源系统的效率和韧性至关重要。通过智能电网、能源互联网等前沿技术，能够实现能源供需的智能匹配与高效交易，推动能源行业的绿色转型。世界银行亦看好数字化与绿色化的合作前景，认为这种协同模式有助于我们更好地应对气候变化挑战，推动清洁能源的广泛采用和智慧城市的建设。世界经济论坛更是做出了大胆预测，预计到2030年，通过应用数字化方案，全球碳排放量有望减少六分之一以上，这充分证明了数字化在绿色转型中的巨大潜力和价值。

1.1.1.2 数字化赋能和支撑绿色化发展

数字化技术凭借5G、人工智能、区块链等尖端工具，正以前所未有的方式深度融入能源领域的每一个环节——从供给、传输到存储和使用。数据资源成为其核心驱动力，而信息网络则搭建起连接这些环节的桥梁。通过感知控制、数字建模等先进技术，数字化技术能够精准地优化资源配置，为绿色低碳发展提供源源不断的动力。

回顾绿色化发展的历程，数字化技术扮演着不可或缺的角色。在监测和跟踪、模拟和预测、虚拟化、系统管理以及信息和通信等关键环节，数字化技术都能提供精确而有效的支持。它帮助我们对绿色化进程进行实时监测和预警，提高效率和效果，同时也促进了绿色资源的交易和流动。

在绿色发展的重点领域中，数字化技术更是发挥着举足轻重的作用。无论是能源、交通、工业、建筑还是农业，数字化技术都提供了有力的技术支撑。通过智能化、数据化的手段，这些领域正在向更加绿色、低碳的方向转型。

此外，数字化技术还在不断创造出丰富多彩的绿色场景和产品。绿色出行、绿色办公、线上教育、远程医疗等新场景层出不穷，不仅丰富了人们的生活方式，也为绿色化发展的应用提供了更广阔的空间。这些新场景和产品的出现，进一步推动了绿色化发展的深入和普及。

1.1.1.3 绿色化促进和牵引数字化技术升级

绿色化转型正引领着一场深刻的技术革新和产业升级。它聚焦于能源结构的优化、低碳技术的广泛部署以及碳排放的精准管控，从而推动数字传感、传输网络、平台应用等核心领域实现质的飞跃。

在这一进程中，绿色化不仅推动了数字化采集、传感功能的创新以及信息处理技术的升级，更对网络传输的能耗、效率和性能设定了更为严格的标准。这要求网络技术在保持高效、稳定的同时，还要实现更低的能耗和更小的环境影响。

同时，绿色化转型也催生了工业数字建模、工业互联等智能应用的蓬勃发展。这些应用不仅提升了传统产业的智能化水平，也促进了数字技术与各行各业的深度融合。通过这种融合，我们能够实现资源的高效利用、生产的绿色转型以及服务的智能化升级，从而推动整个经济社会向更加绿色、低碳、智能的方向发展。

1.1.2 数字化和绿色化协同发展面临的挑战

1.1.2.1 数字化和绿色化协同发展面临社会、政治和经济因素制约

社会层面，协同发展需要公众认同与支持。决策者需坚定改革决心，拥抱创新技术。技术应用中，应坚守道德和隐私底线，确保决策透明，鼓励多元参与，并追求公正分配。警惕“回弹效应”，避免能源成本下降刺激消费增加。政治层面，协同发展需与政治目标结合，确保政策标准在不同层级和地域间保持一致性，为合作与创新提供制度保障。经济层面，协同发展面临企业成本挑战，需关注融资，释放公共和私人投资，支持数字和绿色经济。

1.1.2.2 数字化和绿色化协同发展的制度和要素不完善

当前，数据收集与使用领域面临着一系列挑战，主要体现在制度不完善和缺乏明确的数据归属、隐私及安全保护规范。这些短板极大地限制了数字

技术在推动协同发展中的潜力和效率。另外，数字化发展所需的要素尚显不足，特别是在人才、资金和技术等关键资源方面存在显著的缺口。更为严峻的是，不同地区和行业在数字化发展的资金投入、人才积累以及能力建设上存在严重的不平衡，导致数字鸿沟现象愈发显著，这无疑为数字化全面且均衡发展带来了障碍。

1.1.2.3 数字化发展和应用可能加重气候和环境负担

数字技术的快速进步也伴随着环境和资源挑战。通信技术能耗占全球用电量的5%～9%，数据中心更是消耗约1.5%。随着区块链、物联网等技术的普及，计算量激增，能耗急剧上升。同时，数字技术的推广导致电子废物激增，预计2030年将达7500万吨，且多含难以回收的稀土材料。此外，数字化还加剧了对水资源的消耗，如数据中心冷却和芯片制造过程。因此，推动数字化时需关注环境资源挑战，并采取相应措施应对。

1.1.3 数字化和绿色化协同发展的国际做法

1.1.3.1 明确重点行业顶层设计

为了推动能源、通信、工业、交通等行业的绿色化和数字化，多国制定了相应计划。欧盟和英国聚焦能源系统数字化，助力绿色转型，并探索区块链在减碳中的应用。美国明确了智能制造和数据分析在脱碳中的路径。英国通过供应链整合和数据共享促进工业和交通脱碳。日本则制定了一系列绿色增长和碳中和战略，强调通信、能源等行业的数字化技术应用，包括绿色数据中心、能源集成管理、弹性电网和智能城市基础设施等，旨在通过数字化推动绿色转型，实现碳中和目标。

1.1.3.2 加大资金支持力度

为推动前沿技术研发，各国增强补助与基金支持。美国能源部提供1600万美元资助机器学习及AI研究，推动智能化与绿色化。欧盟“地平线欧洲”计划拨款7.24亿欧元，重点支持制造业、建筑业数字化及减碳。

英国设立2000万英镑基金支持AI应对气候变化。欧盟部署风险投资基金推广工业领域技术。法国设绿色产业投资基金，支持科技创新和能源转型。除基金外，各国通过信贷支持新能源、节能环保技术。美国能源部提供85亿美元贷款担保支持工业节能工程。美国联邦政府还通过公私合作推动先进制造和智慧能源领域的技术创新，引导私人资本流向关键领域，支持绿色转型。

1.1.3.3 加强行业沟通

为推动数字技术在可持续发展中的应用，各国成立联盟并召开了会议。斯德哥尔摩数字环境可持续发展联盟（CODES）旨在利用数字技术实现2030年可持续发展议程，并应对多重危机。该联盟制定《数字时代可持续地球行动计划》，明确标准和承诺。国际机构也助力绿色数字化转型，如世界银行召开“促进绿色数字化转型”会议，联合国开发计划署举办“数字化促进绿色复苏”活动，均强调包容性绿色数字转型，呼吁加强创新协作，加速环境和社会可持续发展。

1.1.4 数字化和绿色化协同发展的对策建议

1.1.4.1 强化统筹协调，加强数字化和绿色化顶层设计

深化数字化与绿色化融合，需国家级机制统筹多部门资源，确保政策协同。当前，我国在这两方面的协同尚处成长阶段，需明确战略规划，行业定

制行动方案，并鼓励先行试点，以积累经验。同时，将协同纳入地方发展蓝图，支持关键项目。在国际层面，强化合作，推动数字减碳技术，构建开放合作新局面，汇聚全球资源，共同推动数字化与绿色化事业迈向新高度。

1.1.4.2 瞄准重点领域，有的放矢推进数字化和绿色化协同发展

推动绿色发展需聚焦于能源、工业、交通、建筑等核心领域，借助大数据、互联网等数字技术，提升信息流通效率，优化管理效能，进而减少能耗和碳排放。我们还应强化绿色数据中心的建设，利用先进技术提升计算效率，从而推动能源利用率的提升。同时，利用如“东数西算”等工程，结合自然环境的优势，在能源富集地区实现绿色节能，助力数字产业实现高效且绿色的可持续发展。

1.1.4.3 加快技术创新，发挥数字化和绿色化互促引领作用

推进数字化与绿色化融合，关键在于整合现有技术如5G、工业互联网与绿色低碳产业，促进双方深度融合以实现技术的高效协同。加速研发新型融合技术，特别是将数字技术与环保、清洁发电等绿色技术相结合，以技术创新驱动绿色转型。同时，构建从研发到应用推广的完整闭环，加快技术成果的转化和应用，为数字化与绿色化的协同发展提供坚实支撑。

1.1.4.4 健全保障机制，为数字化和绿色化协同发展提供支撑

要确保数字化与绿色化协同发展，首要任务是强化数字信息安全。当前，数据安全顾虑限制了协同进度，需构建安全可信的协同数据平台，强化传输、存储、加密技术，确保数据安全可信。同时，应增强需求牵引力，如加大政府采购对协同项目的支持，引导更多企业参与实践；提升绿色采购判定标准科学性。此外，国企应发挥优势，带动产业链协同。其技术和资金实力可示范引领整个产业链向数字化和绿色化协同发展。

1.2　全球算力产业发展背景与现状

算力，作为当今信息产业的基石，其复杂性和多维性令人瞩目。它不仅是计算技术的核心，更是数据储存和网络通信技术的融合体，构成了一个立体而庞大的体系。从计算能力的维度看，算力包括通用算力、智能算力、超算算力以及边缘算力等，这些不同类型的算力相互补充，共同构建了一个高效、灵活的计算网络。

算力基础设施，如数据中心、智算中心和超算中心等，为这一体系的运转提供了强有力的支持。这些设施不仅需要高效的计算和储存能力，更需要稳定、高速的网络通信作为支撑。随着技术的不断进步，这些基础设施正变得越来越智能化、绿色化，以适应日益增长的算力需求。

算力产业，作为数字经济的核心驱动力，其重要性不言而喻。在全球竞争日益激烈的今天，算力产业不仅是经济增长的新引擎，更是国家安全的关键所在。然而，随着国际形势的复杂多变，算力产业发展也面临着诸多挑战。为了应对这些挑战，我们不仅需要加强自主创新研发，还需要积极推动国际合作，共同构建一个安全、稳定、高效的全球算力网络。

近年来，以大模型为主的智算技术的迅猛发展，为算力产业带来了新的发展机遇。这些技术不仅推动了人工智能、大数据等领域的快速发展，也为算力产业提供了新的应用场景和市场需求。然而，与此同时，我们也必须清醒地认识到，国际复杂形势对算力产业发展的影响不容忽视。为了应对这些挑战，需要加强国际合作，共同推动算力产业的健康发展。

随着数字化成为全球范围内各行业的共识，数字产业化和产业数字化已经成为提升经济发展效率和韧性的重要途径。算力产业作为这一过程中的关键基础，其高质量发展对于推动经济社会的全面发展具有重要意义。展望未来，随着大模型、元宇宙、生成式人工智能等前沿应用场景的不断发展，算力需求将持续增加。为了满足这一需求，全球各国和地区都在积极布局算力产业，以期在新一轮的数字浪潮中占据有利位置。

因此，需要进一步加强国际合作，共同推动算力产业的创新和发展。通过加强技术研发、优化产业布局、完善基础设施等方式，不断提升算力产业的竞争力和影响力。同时，也需要关注算力产业的安全性和稳定性问题，加强数据保护和网络安全等方面的建设，确保算力产业的健康发展。

1.3 我国算力发展现状与需求预测

在当前时代，算力已被推至至关重要的位置，作为数字经济的新动力，它在科技跃迁、行业数字化转型及经济社会发展中扮演着关键角色。

1.3.1 我国算力产业发展的机遇

算力规模正持续快速增长。在数字经济的大背景下，全球数据总量和算力规模均呈现出高速增长的态势。根据权威数据，近年来全球数据产量和算力规模的增长速度均超过了26%和44%。我国经过多年的发展，已经形成了规模庞大、创新活跃的计算产业体系，在全球产业分工体系中的地位日益重要。然而，我们也必须清醒地认识到，我国算力产业在基础、技术创新和供需匹配等方面仍面临诸多挑战。

算力技术正呈现出多元创新的特点。在万物智联的时代，海量数据和多元应用需求的爆发推动了算力规模的成倍增长和算力结构的持续调整。先进计算技术正迎来新一轮的发展浪潮，以多元化、融合化为特征的技术创新不断涌现。这些创新不仅提升了单点计算性能，还实现了算力系统的高效利用。同时，计算技术与多学科的交叉融合也催生了量子计算、存算一体、光计算、类脑计算等颠覆性技术的突破进展。

算力产业格局也有望迎来重构重塑。大数据、云计算、边缘计算、人工智能、语音图像识别等前沿计算技术，正迅速推动能源、金融、医疗、物流、媒体等传统行业的智能化升级。它们不仅为这些行业注入了新的活力，更引领着行业内的深刻变革。

以新技术推动新变革，这些计算技术不仅优化了传统行业的业务流程，更催生了全新的商业模式和服务形态。例如，在能源行业，大数据分析有助于更精准地预测能源需求，优化资源配置；在金融领域，人工智能和云计算的结合使得风险评估和信贷决策更为高效和准确；而在医疗领域，边缘计算和语音图像识别技术的应用则极大地提升了诊疗效率和准确性。

同时，新应用也在不断创造新业态。云计算和大数据的普及使得共享经济、在线教育等新型服务模式得以快速发展；而人工智能和语音图像识别技术的进步，则催生了智能家居、无人驾驶等前沿领域的新兴产业。

在全球服务器市场，受益于经济的快速复苏，市场出货量和销售额均实现了稳步增长。AI服务器需求更是快速增长，成为市场的新增长点。在芯片领域，X86架构的服务器CPU仍占据主导地位，但ARM芯片产品也在逐步崛起。国内外巨头纷纷推出自研ARM服务器CPU和AI芯片产品，加剧了市场竞争。这些变化为我国算力产业带来了新的发展机遇和挑战，产业格局有望发生深刻变化。

面对这些机遇和挑战，我们必须加强顶层设计，制定科学的产业发展战略和政策措施。同时，加大研发投入，推动技术创新和产业升级。加强国际合作与交流，吸收借鉴国际先进经验和技术成果。只有这样，我们才能抓住机遇、应对挑战，推动我国算力产业实现高质量发展。

1.3.2 我国算力产业发展面临的挑战

经过多年的奋斗，我国计算产业已显著成长，形成了全面、庞大的产业体系，并在全球产业分工中占据重要地位。然而，我们仍需面对一些挑战。

（1）产业根基尚不稳固，芯片市场长期由国外企业占据主导地位，国内在芯片、操作系统、数据库等关键领域仍有待完善。此外，我国在先进计算软硬件的自主研发上投入不足，产品同质化竞争激烈，难以支撑上层应用发展。同时，技术标准体系的不完善与兼容性问题也限制了产业的进一步发展。

（2）技术创新方面的不足也阻碍了我国算力产业的发展。尽管我国计算行业取得了快速进步，但与发达国家相比，在关键计算产品和技术创新上的自主研发能力仍有待提高。科研力量与研发投入需进一步加强，科技创新与成果转化效率也需提升。面对算力提升的多维度挑战，我们需要增强全体系协同、多路径互补的系统创新能力，实现分布式算力的集约化应用，提高计算效率，突破发展瓶颈。

（3）供需不匹配是我国算力产业面临的一大挑战。尽管算力需求不断增长，但应用广度和深度仍不足，推广难度较大。各行业对数字技术和计算技术的理解有限，难以将业务需求转化为具体应用场景，同时也缺乏与供给侧的有效沟通。因此，我们需加强供需对接，推动算力在各行业数字化智能化升级中的应用。同时，还需加强多元化普惠性的算力设施建设，打破标准缺失、数据共享不足、资源接口不统一等障碍，促进算力产业的健康发展。

1.3.3 我国未来算力需求预测

随着数字经济的迅猛崛起，算力需求场景日趋多样化，特别是在人工智能和产业数字化等领域。据预测，至2030年，全球因人工智能发展而驱动的算力需求将激增500倍，达到惊人的1.05×10^5 EFlops规模。为了洞察我国未来五年内算力的发展脉络，我们基于历史算力规模数据，构建了自回归差分移动平均模型（ARIMA）。该模型有效捕捉了时间序列数据中的长期趋势，从而为我国未来的算力需求提供了精准预测。

利用2016—2021年的实际算力需求数据，我们对模型进行了训练，以揭示和模拟算力发展的长期趋势。经过平稳性检验和白噪声检验等策略的优化，成功建立了预测模型，并据此得出了我国未来算力发展规模和结构变化的预测结果。这些预测显示，我国算力需求将持续保持强劲增长，并呈现更加多元化和复杂化的特点。

（1）我国算力发展规模将维持显著增长态势。历史数据显示，2016—2021年，算力规模持续扩大，到2022年，我国算力总规模已达到315EFlops，并预计将在2026年跃升至767EFlops，正式进入每秒10万亿亿次浮点运算的新时代。这一巨大飞跃不仅体现了我国在算力技术领域的强大实力，也预示着数字经济将迎来更加繁荣的发展。

（2）基础算力、智能算力和超算算力均呈现强劲增长趋势。在2016—2026年的十年间，基础算力、智能算力和超算算力的年平均增速分别高达18.99%、78.97%和23.45%。特别是智能算力，受益于大数据、人工智能、云计算等新一代信息技术的快速发展，其增长势头尤为迅猛。预计到2026年，我国智能算力规模将达到561EFlops，成为推动算力规模增长的主要动力。

（3）我国算力结构正经历深刻变革。随着智能化升级步伐的加快，各领域对智能算力的需求日益增长。因此，我国算力结构正在发生显著变化。基础算力虽然仍保持增长态势，但其占比预计将从2016年的95%下降至2026年的26%。相反，智能算力在总算力中的比重则从2016年的3%大幅上升至2026年的73%，成为算力结构中的主导力量。此外，超算算力也呈现出稳定的增长趋势，为我国在高性能计算领域保持领先地位提供了有力支撑。

1.4 我国算力的电力能耗分析及低碳转型面临的挑战

1.4.1 我国算力能耗分析

以下从两个不同的角度对我国算力的电力能耗进行测算。

（1）基础设施（如数据中心）的能耗预测。数据中心作为承载算力的核心基础设施，其电力消耗主要涵盖信息技术（IT）设备、制冷系统、供配电网络及照明等其他辅助设备。电力成本作为数据中心运营的重要开支，约占整体运营成本的六成。

值得一提的是，根据最新统计数据显示，2022年智能算力在数据中心中的占比达到59.03%，基础算力占比39.68%，而超算算力则占据1.29%的份额。这一实际数据与我们的预测结果（智能算力占比59.2%，基础算力占比39.7%，超算算力占比1.1%）高度吻合，误差率仅为0.7%，进一步验证了我们预测模型的准确性和可靠性。

（2）算力应用实例的能耗分析。在人工智能领域，算力发挥着举足轻重的作用。它不仅负责执行复杂的计算任务，还是深度学习模型训练的重要支撑。以ChatGPT为例，这款自然语言处理模型的稳定运行和卓越性能，离不开背后强大而稳定的算力支持。ChatGPT的成功案例不仅体现了大型企业与科研机构在人工智能技术应用上的协同创新，也为我们提供了一个深入探讨算力资源使用和电力消耗的实际案例。通过分析ChatGPT等类似应用实例的能耗情况，我们可以更直观地了解算力在实际应用中的电力消耗状况。

1.4.2 我国算力发展绿色低碳转型面临的挑战

我国算力需求正处于飞速增长的阶段，但随之而来的是高能耗和资源利用方面的严峻挑战。算力发展的瓶颈主要体现在资源分布不均、供需错位以及协同共享机制缺乏这三个方面。

（1）布局碎片化，集约化水平亟待提升。尽管算力规模迅速扩张，但各行业的数据中心建设往往各自为政，缺乏整体规划和有效整合。这种分散的布局导致了算力资源的碎片化，即所谓的“数据中心孤岛”和“云孤岛”现象。这不仅降低了算力资源的整体利用效率，还使得许多单体数据中心规模偏小，难以满足后期扩容的需求。据统计，我国数据中心的平均利用率不到60%，而算力利用率更是低至30%，同时PUE值（能源使用效率）普遍高于1.5，这些指标均反映出我国算力资源在集约化方面的不足。

（2）资源分配不均，供需矛盾凸显。在地域分布上，我国算力资源呈现出明显的“东紧西松”态势。东部地区由于创新能力较强，对算力的需求更为集中，但算力资源却相对紧张。特别是一线城市如北京、上海、广州和深圳等地，算力资源短缺的问题尤为突出。与此同时，中西部地区虽然能源丰富，但算力资源却存在产能过剩的现象。这种地域性的供需失衡给我国算力资源的优化配置和高效利用带来了巨大挑战。

（3）协同共享机制缺失，能源效率低下。尽管“东数西算”工程已经全面启动，各算力枢纽节点和数据中心集群也加大了投资建设力度，但在算力设施的协同共享方面仍存在明显不足。由于缺乏任务协同和资源共享机制，算力节点难以通过网络灵活高效地调配算力资源，导致算力设施“忙闲不均”。据数据显示，我国西部数据中心资源的整体空置率超过50%，部分地区机房上架率甚至不足10%。由于算力基础设施主要依赖电力供能，即使算力资源未得到充分利用，这些设施仍需持续运转以确保数据安全和设备稳定，从而造成了无效的能源消耗和能源浪费问题。

1.4.3 我国算力绿色低碳转型的对策建议

1.4.3.1 解决大模型算力需求骤增问题

在数据爆炸的时代背景下，计算需求正经历着前所未有的快速增长，传统的计算架构已无法支撑模型时代对算力的巨大需求。OpenAI的研究揭示了一个令人震惊的事实：全球AI训练所使用的计算量正以每3.43个月翻倍的惊人速度增长。与此同时，尽管我国已有超过30个城市在积极建设或规划智算中心，但据《智能计算中心创新发展指南》指出，当前的算力供给仍远滞后于市场需求。

构建大型AI模型对算力的需求是巨大的。以ChatGPT为例，其初始阶段就需要高达1万块英伟达A100芯片来支撑，这背后的硬件成本超过7亿元。而模型后续的调优训练过程更是算力消耗的重头戏，它依赖多个大型数据中心来提供源源不断的算力支持，整个建设成本可能高达数十亿元。

业内专家进一步指出，大模型的算力需求受到多方面因素的共同影响，包括用户量、访问速度、网络带宽以及训练模式等。因此，要成功训练出类似ChatGPT这样的中国版大型AI模型，不仅需要投入巨额的硬件设施费用，还需为后续的调优训练预留充足的资金空间，以确保模型能够持续进化并满足不断增长的计算需求。

腾讯云的专家进一步解释，大模型对算力的需求分为训练和推理两个阶段。训练阶段需要短时间内的大量并行算力，并要求算力具备高稳定性、高性能以及良好的弹性扩缩容能力。而进入推理阶段，则对单位算力的性价比、成本以及算力的位置和服务连接速度提出了更高的要求。

广发证券的测算显示，在不考虑算法优化带来的算力成本下降的前提下，国内大模型在训练和推理阶段将产生巨大的算力需求，进而推动AI服务器市场的快速增长。

然而，目前我国在算力层面与国外还存在较大的差距，这直接影响了大模型的技术水平和创新速度。业内专家普遍认为，要破解算力供需失衡的问题，既要通过技术创新提升算力的效率和应用水平，也要通过优化资源配置和调度，实现算力的最大化利用。

虽然我国算力总规模居全球第二，但计算效率和应用水平仍有待提升。随着人工智能应用的广泛普及，智能算力的需求将持续增长。因此，我们需要不断探索和创新，以更好地满足算力需求，推动人工智能技术的快速发展。

智算，即异构计算，其核心是让最适合的专用硬件发挥最大效用。除了硬件架构和性能的提升，算力优化还需从虚拟化层入手，通过GPU虚拟化、计算池化等技术，实现多机多卡互联，并以云服务、容器等灵活方式提供。在平台层，通过任务流模式和深入上层服务的方式，可进一步优化计算效率。

云是大模型的最佳承载和训练平台。一方面，云上拥有先进的软硬件架构和前瞻性的技术体系，为AI企业提供丰富的能力和产品支持，使它们能更专注于模型研发，同时提升业务开发的敏捷性。另一方面，云上的算力形式能灵活分配计算资源，满足大模型训练所需的庞大算力规模，有效缓解企业现金流压力，同时提升训练和推理效率。

公有云的集约化特点有助于实现算力共享。然而，实际操作中需考虑数据归属、隐私保护和合规性等问题。算力虽可类比为“水电”资源，但数据的处理和使用却有其特殊性。此外，算力互联还需建立标准化的运营体系，包括算力的计量、付费和结算等机制。

不同规模的大模型对部署环境的要求各异。中小规模智算中心适合部署在公有云上，但大规模智算中心若部署在云上可能会面临网络延迟问题。同时，企业和运营商也需考虑上云成本及“锁定”风险。优化算力调度需从接口协议标准化、调度软件优化、安全体系建设等多方面入手。建议组建生态联合体，共同打造大规模智算中心，实现算力资源的共享和高效利用。

1.4.3.2 “电力+算力”融合推动电网智能转型

数字电网通过运用“微型传感+边缘计算+数据融合”等前沿技术，实现了“电力+算力”的深度融合，极大地提升了电力系统的可观性、可测性和可控性。这一创新举措不仅推动了传统电力系统的数字化转型，更成为构建新型电力系统的重要载体，有力支持了国家“双碳”目标的实现。

新能源发电装机的广泛分布和受自然环境影响大的特性，使得协调多点、多样、多变的电源与系统安全稳定、可靠供电的难度不断增加。系统对响应速度的要求更高，运行方式的安排和运行调度控制也变得更加复杂。因此，智能运行调度的地位愈发重要，成为保障电力系统稳定运行的关键所在。

1.4.3.3 促进绿色电力向算力转化

随着人工智能技术的迅猛进步，电力消耗日益增大，追求绿色电力不仅符合国家的发展策略，也顺应了全球能源利用的趋势。青海以其丰富的清洁能源资源成为独特的优势所在。青海高原的气候冷凉干燥，常年低温，为数据中心的建设提供了得天独厚的自然优势。若企业从成本角度出发，选择在青海建设数据中心，费用将会得到显著的降低。

1.4.3.4 实现“双碳”目标，算力需与电力协同

国务院最新发布的《2030年前碳达峰行动方案》明确指出，将重点推进包括能源绿色低碳转型行动和节能降碳增效行动在内的“碳达峰十大行动”。特别地，方案强调要加强以数据中心为代表的新型基础设施的节能降碳工作，并推动数据中心采用绿色能源供电。此举不仅有助于通信行业的节能减排，更能促进能源的绿色低碳转型，推动新型电力系统的建设，实现“双碳”目标下的“算力+电力”协同发展。

1.4.3.5 算力支撑新型电力系统建设

在新型电力系统的构建中，电力生产将实现从集中式到分布式的转变，大规模集中式新能源电站与海量分布式发电站将依据资源的可获取性和经济性，因地制宜地建设与广泛接入。为此，我们必须充分利用数字化技术手段，依托分布式边缘算力和集中式大规模算力，实施精准、灵活、广泛且高效的能源资源优化监控和运行管理。这不仅能充分发挥能源电力消费需求侧响应资源的作用，更能为最大限度接入新能源提供有力支持。

在这一过程中，大型算力中心作为新型电力系统的核心基础设施，将承担起储存和处理海量电力运行数据及设备信息的重任。它能够为基于大数据和人工智能技术的电网运行分析、优化及风险预测等场景提供坚实的算力支撑。而分布式边缘计算数据中心则凭借其本地计算和低时延响应的优势，实现更多计算处理过程的本地化，大幅提高处理效率，同时减轻云端压力并保障本地数据的安全性，为用户提供更为迅速的服务响应。

1.4.3.6 绿色发展要加强算力与电力有机协同

提供算力的数据中心由于其高耗电特性，成为能源消耗和二氧化碳排放的重要源头。以北京市为例，数据显示，2021年该市的数据中心机柜数量占全国总量的10%～12%，其总功率更是占据了全市平均供电负荷的8%。这种快速的增长不仅给北京市的碳排放指标带来了不小的压力，同时也对供电系

统的安全稳定运行构成了挑战。

除此之外，为保障数据中心的稳定运行，其配置的不间断电源和备用发电机组容量往往与最大用电功率相当。由此可见，数据中心所蕴含的电力灵活性资源具有巨大的潜在价值和巨大的容量。因此，数据中心在运营过程中，一方面应加大风电、光伏等新能源电力资源的使用比例，以促进新能源的高效利用；另一方面，还应充分利用其电力灵活性的特征，结合市场机制和先进的信息技术手段，激活并实现沉睡资源的时空聚合，逐步推动数据中心向绿色低碳的发展道路迈进。

1.4.3.7 技术、顶层规划和管理制度需不断完善

随着数字经济的蓬勃发展，算力增长已成为不可逆转的趋势。然而，算力的高耗能特性使其与电力之间形成了紧密的相互支撑关系。为了推动“算力+电力”的有机协同演进，我们不仅需要技术层面的突破，还需要在顶层规划和管理制度上进行持续完善。

（1）物理信息技术的支撑是关键，包括升级不间断电源和备用电源的管控技术，涵盖设备状态监测、通道状态监测、行为记录、效果评价、信息交互以及联动管控等多个方面。同时，区块链技术的应用也至关重要。其分布式存储和防篡改等特点使其成为多主体、多地点、多要素“算力+电力”协同模式的理想选择。通过区块链技术，可以将数据中心算力网的灵活性资源上链，并以智能合约的方式固化“算力+电力”协同的定量认证、收益分配等核心要素，从而建立主体间的信任机制。为此，清华大学能源互联网创新研究院积极提出“算力+电力”的协同发展创新理念，推动相关技术研究，并开展SPEAR示范工程建设。

（2）进行“算力+电力”的统筹规划是必由之路。我们应实现东数西算（算力）和西电东送（电力）的有机协同。考虑到中国新能源主要分布在西北、西南地区，而数据中心则集中在东部发达城市如北上广深等地，我们应通过统筹规划，优化算力与电力基础设施和应用的时间和空间布局。通过匹配实时与非实时、可变与刚性的电力供给和算力需求，可以形成数据、业务按需和按经济效益配置、有效共享的算力分布。这不仅有助于缓解东部地区

的能源和算力资源紧张问题，还能促进西北、西南地区新能源的本地消纳，推动数据中心实现绿色低碳发展。

（3）制度上的不断创新也是不可或缺的。目前，数据中心建设规范和导向主要关注评价能源效率的指标（如PUE），却忽视了电力灵活性资源的重要性。简单地鼓励数据中心采购新能源零碳电力，而保持其用电需求的刚性，实际上是将新能源的波动性负担转嫁给外部系统。在新型电力系统中，各主体都应承担一定的责任和义务。因此，我们需要改变传统思路，在数据中心建设和运行规范中纳入关于不间断电源和备用电源作为电力灵活性资源的相关规定。同时，我们还应形成有效的激励机制，并通过顶层设计和政策引导，促进数据中心运维与资产剥离，催生新的数据行业生态。这将使算力调度商、数据中心运维服务商逐步转型为电力负荷聚合商、电力灵活性资源提供商，并积极参与到电力交易与辅助服务市场中。

1.5　算力产业发展趋势

1.5.1　加强合作消除技术壁垒

技术壁垒，作为影响全球算力产业持续健康发展的重要因素，正逐渐受到各国的高度关注。在当前全球化的大背景下，各国面临着技术脱钩的挑战，这对于算力产业的未来发展构成了不小的威胁。为了应对这一挑战，各国间亟需加强合作，共同探索良性竞争与合作的新模式，以减轻对产业发展的负面影响。

具体来说，各国应坚持求同存异的原则，摒弃零和博弈的思维，加大力度推动技术、产业和安全领域的合作。通过深化合作，积极扩大算力产业的联结面，增强各国之间的利益关联程度，共同推动新兴技术的高质量发展。

此外，全球的高校和科研机构也扮演着举足轻重的角色。他们应积极增强国际学术交流，搭建起跨国界的合作平台，形成以技术发展为导向的紧密合作关系。这种合作不仅有助于推动产学研一体的生态合作机制建设，更能鼓励研究人员积极参与全球范围内的学术研究项目，共同攻克技术难题。

为了更好地促进算力产业的国际合作与发展，各国还可以共同建设公共的算力基础设施和平台，为科研人员提供便捷高效的计算资源。同时，我们还应加强国际标准的制定工作，推动全球算力产业的标准化进程，确保技术的互通性和产业的可持续发展。

1.5.2 加强自主研发破除贸易壁垒

在全球化背景下，贸易壁垒已成为制约算力产业进一步发展的一个重要难题。为了应对这一挑战，各国必须坚定地加强自主研发，以优化算力产业链的完整性。这不仅是提升自身竞争力的关键，更是实现算力产业可持续发展的必由之路。

具体来说，各国应从产业发展战略、技术研发、生产制造三个方面着手，加大算力相关产业的自主性建设。在产业发展战略上，制定长远的规划，明确发展目标，确保算力产业的持续健康发展。在技术研发方面，加大投入，鼓励创新，突破关键核心技术，形成具有自主知识产权的技术体系。在生产制造环节，优化产业布局，完善生态构建，提高生产效率，确保产品质量。

同时，我们还应积极用优质的国产设备和材料替代国外设备和材料，减少对进口产品的依赖。这不仅能够降低生产成本，提高经济效益，更能够提升我国算力产业的国际竞争力。提高技术自给自足能力，可以推动全产业的发展，助力产业链各个环节的各相关方之间建立更加紧密的联系。

在自主研发的过程中，我们要重点鼓励传统芯片和芯片制造设备的自主研发。这不仅是为了满足国内市场的需求，更是为了提升我国在全球芯片产业中的地位。我们要加大CPU、GPU、服务器等关键产品的研发力度，掌握核心技术，形成核心竞争力。

1.5.3　推动绿色低碳发展应对气候变化

在此基础上，我们还需通过计算网络来平衡绿色能源、延迟和成本的需求，力求在全球范围内实现最佳的PUE（能源使用效率），从而减少碳排放，保护地球家园。

此外，我们还应积极探索全球化算力应用资源的跨区域调度机制，高效利用好各类算力资源，进一步优化全球算力布局。这不仅有助于提高算力资源的利用效率，更有助于推动全球算力产业的可持续发展。

1.5.4　加强国际合作消除安全隐患

尽管不同司法管辖区的法律存在差异，但技术发展所带来的潜在影响和风险往往超出国界范畴，因此需要全球性的合作来共同应对。在算力领域，安全问题尤为突出，多边组织、政府、公司、学术机构和民间社会组织等各方需要紧密合作，共同探索新的安全政策和技术解决方案，以应对算力技术带来的挑战。

未来，我们应进一步加强跨国及多边合作，共同控制算力领域的安全风险，推动技术朝着有利于全人类发展的方向持续演进。通过加强国际交流与合作，我们可以共同应对算力技术发展带来的挑战，促进全球算力产业的健康发展。

第2章　算力网络化

算力网络化是以云网融合为根基、以算力供给为核心的新型网络形态。它通过深度融合新型网络技术，围绕算力打造资源和服务供给的新型信息基础设施。算力网络化广泛应用于科学计算、数据处理、图像处理、虚拟现实、智能制造和智慧城市等领域。本章主要对算力网络体系架构、算力网络的关键技术、算力网络编排、算力封装与算力交易平台、算力网络化安全关键技术等进行全面论述。

2.1 算力网络体系架构

在企业层面，以电信运营商为主导，标准制定和实验验证工作已取得初步成果。国内三大电信运营商都热心投身于算力网络的标准化工作，同时也阐述了各自对算力网络的发展规划和初步构建的系统模型。算力网络的国际化标准进展可以参照图2-1进行了解。

以中国电信2019年在ITU立项的算力网络功能架构Y.CPN-Arch为例。

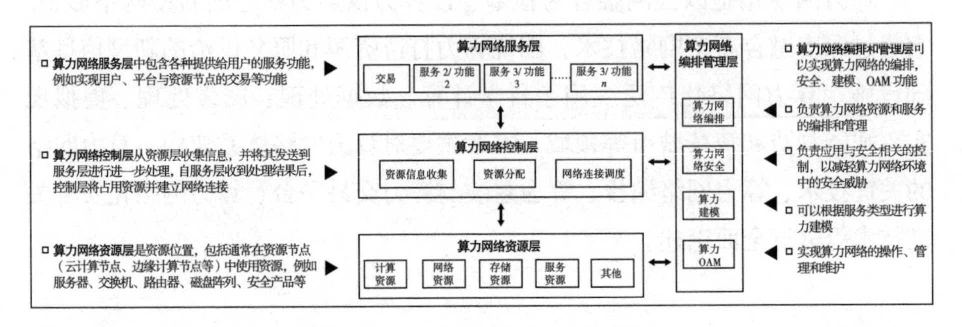

图2-1　算力网络国际化标准情况

功能架构从算力网络需求出发，在编排管理层的协作下，通过算力网络控制层收集资源层信息，提供给服务层进行可编程处理，并根据返回结果实现资源占用，建立网络连接。

在该架构中，各层相互协作，为用户提供多样化的服务模式，实现资源的最优化配置。

根据中国电信的规划，算力网络体系涵盖了算力需求方、供给方、网络运营方、交易平台和控制面等多个组成部分，用户能依据业务需求连接算力应用商店和AI赋能平台。中国联通对未来计算与网络融合的趋势给予了高度重视，将算网一体视为“云网融合2.0”阶段，这是继“云网融合1.0”（云网协同）之后的进阶发展。在《算力网络架构与技术体系白皮书》中，中国联通提到SDN已实现云和网的连接，特别是专线级别的连接，而NFV则实现了核心网功能的全面云化。但SDN与NFV的部署通常是相互独立的。随着5G、泛在计算和AI的发展，以算力网络为代表的“云网融合2.0”时代正迅速来临。中国联通定义的算力网络体系架构是基于计算能力的泛在化发展，它通过网络手段在云、边端之间有效调配计算、存储等基础资源，以提升业务服务质量和用户服务体验。该架构主要包括服务提供、服务编排、网络控制、算力管理和算力资源/网络转发等功能模块。

与此同时，中国移动将算力网络建设视为企业转型的关键机遇。其在2021年发布的《中国移动算力网络白皮书》中明确指出，将以算力为核心，以网络为基础，构建融合网、云、数、智、安、边端、链等多要素的新型信息基础设施，旨在使算力变得像水电一样便捷，“即插即用”。

中国移动的算力网络总体架构如图2–2所示。

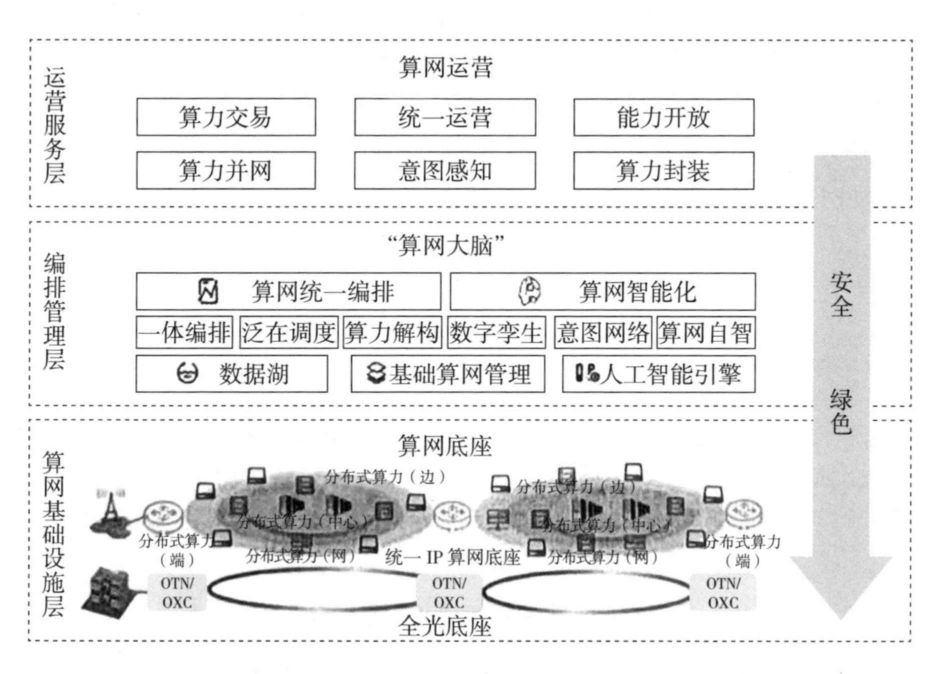

图2–2　中国移动的算力网络总体架构

中国移动的算力网络架构涵盖了基础设施、编排管理及运营服务三大层面。

基础设施层面构成了算力网络的坚固基石。这一层面以高效、集约且环保的新型基础设施为根基，构建了一个包含云、边、端的多元化、广泛分布的算力体系，旨在满足各级算力需求。基于全光网络和统一IP技术，实现了云、边、端之间的高速连接，确保数据的流畅、无损传输。用户可以随时、随地、按需接入无所不在的算力，体验算力网络的卓越服务。

编排管理层作为算力网络的核心调度中心，发挥着“算力大脑”的作用。通过灵活地组合算力网络的各项基础能力，并融入人工智能与数据分析技术，该层能够统一管理和调度算力网络资源，进而优化网络效能。同时，它还提供算力调度接口，以支持多样化的算力网络服务。

运营服务层是算力网络的服务提供中心。通过将基础算力能力与多种要素结合，它提供了一体化的算力网络服务，使用户能够享受到便捷、一站式的服务体验。此外，通过整合社会各方算力资源，并利用区块链等先进技术，构建了一个可信赖的算力服务交易平台，推出了算力电商等创新模式，丰富了算力网络的服务和业务能力。中国移动计划分阶段推进算力网络的建设，从初步的协同阶段到融合统一阶段，最终实现内生一体化阶段。在初始阶段，重点在于实现网络的协同性，使算力更加立体和广泛。在发展阶段，目标是实现算力与网络的深度融合，以满足新型业务需求。在一体化阶段，将推动网络与算力的深度融合，发挥集群算力的优势，实现智慧内生和创新运营。

2.2 算力网络的关键技术

新一轮科技革命和产业变革正在重塑全球经济结构，算力作为数字经济时代的新生产力，是支撑数字经济发展的坚实基础。随着技术创新步伐的进一步加快，算力成为数字经济新引擎和战略竞争的新焦点。

2.2.1 算力基础设施的关键技术

2.2.1.1 异构计算

由不同芯片组成的算力被称为异构算力，包括CPU、GPU、FPGA、ASIC等。它们使用不同类型的指令集和体系架构。

（1）GPU

在传统的冯·诺依曼架构中，CPU每执行一条指令就需要从存储器中读取数据，根据指令对数据进行相应的操作。CPU的主要职责并不只是数据运算，还需要执行存储读取、指令分析、分支跳转等命令。

深度学习通常需要进行海量的数据处理，在用CPU执行算法时，CPU将花费大量的时间在数据/指令的读取分析上，而CPU的频率、内存的带宽等条件又不可能无限制地提高，因此处理器的性能受到限制。而GPU的控制相对简单，大部分的晶体管可以组成各类专用电路、多条流水线，使GPU的计算速度远快于CPU，同时GPU拥有了更加强大的浮点运算能力，可以解决深度学习算法的训练难题，释放人工智能的潜能。

（2）FPGA

半定制化的FPGA的基本原理是在FPGA芯片内集成大量的基本门电路和存储器，用户可以通过更新FPGA配置文件来定义这些门电路和存储器之间的连线。

FPGA能够实现流水线并行和数据并行，能同时做到高吞吐和低时延。另外，FPGA有高速串行器/解串器等丰富的接口，而且能灵活控制实现的粒度和操作数据，非常适合进行协议处理和数据格式的转换。

FPGA的亮点在于它的可编程性，这给设计实现带来了很大的便利，也为降低专用电路芯片的设计成本提供了可行方案。FPGA的劣势是速度较ASIC要慢，单芯片价格较高，编程复杂，整体运算能力不是很高。

（3）ASIC

ASIC是专用定制芯片，即为实现特定要求而定制的芯片。定制的优点是有助于提高ASIC的性能功耗比，缺点是开发周期长，功能难以扩展。

目前用复杂可编程逻辑器件（Complex Programming Logic Device，CPLD）和FPGA来进行ASIC设计是较为流行的方式之一，它们的共性是都具有用户现场可编程特性，都支持边界扫描技术，但两者在集成度、速度以及编程方式上具有各自的特点。

ASIC是面向专门用途的电路，专门为特定用户设计和制造，根据用户的特定要求，能以低研制成本、短交货周期供货的全定制、半定制集成电路。与门阵列相比，ASIC具有设计开发周期短、设计制造成本低、开发工具先进、标准产品无须测试、质量稳定以及可实时在线检验等优点。

随着5G、工业互联网、人工智能、云计算等技术的快速发展，以GPU、FPGA、人工智能芯片为代表的异构计算器件将迎来一个蓬勃发展的时期。算力的应用范围也将由传统的大企业、大用户拓展到中小微企业、个人等，让计算力真正成为一种人人可用的普惠资源。

2.2.1.2 存算一体

随着技术的发展，计算的任务越来越复杂，需要的数据也越来越多，而在冯·诺依曼架构中，数据需要在存储、内存、缓存、计算单元中不断被搬运。大部分时间、带宽、缓存、功耗都消耗在数据搬运上，因此内存墙成了一个越来越严重的问题。数据搬运的功耗有时会超过95%以上，占用的带宽也会达到80%以上，例如片上缓存，1MB的SRAM和8KB的SRAM在数据搬运上的功耗相差10倍。因此，业界都在思考怎样解决内存墙的问题。

存算一体芯片可以解决此类问题。存算一体可以理解为在存储器中嵌入计算能力，用新的运算架构进行二维和三维矩阵乘法／加法运算，而不是在传统逻辑运算单元或工艺上优化。这样能从本质上消除不必要的数据搬运时延和功耗，提高AI计算效率，降低成本，打破内存墙。

除了用于AI计算，存算技术也可以用于存算一体芯片和类脑芯片。

（1）存算技术的路线

目前存算技术存在以下4类路线。

①查存计算。GPU对复杂函数采用了查存计算的方法。查存计算是早已落地多年的技术，其通过在存储芯片内部查表来完成计算操作。

②近存计算。近存计算可以理解为通过先进封装拉近存储、内存和计算单元的距离，如SRAM。在冯·诺依曼架构中，SRAM多被用作缓存，多核共同使用，这样缓存到每个核都有一定距离，数据搬运、访问时间、功耗都会增加。近存计算把SRAM与计算单元合在一起，这个SRAM只供本地计算单元使用，数据访问时间和带宽都有很大的提升。近存计算的典型代表是AMD的Zen系列CPU。计算操作由位于存储区域外部的独立计算芯片/模块完成。这种架构设计的代际设计成本较低，适合传统架构芯片转入。将HBM内存（包括三星的HBM-PIM）与计算模组（裸DIE）封装在一起的芯片也属于近存计算。

③存内计算。存内计算比近存计算更高效，同时也更难以实现。存内计算实际上是一个计算的模块，而不是存储的模块，从存储器中读出的数据是运算的结果，而不是存储的数据。计算操作由位于存储芯片/区域内部的独立计算单元完成，存储和计算可以是模拟的，也可以是数字的。这种技术路线一般用于算法固定的场景计算。

④存内逻辑。存内逻辑是一个较新的存算架构。这种架构数据传输路径最短，同时能满足大模型的计算精度要求。通过在内部存储中添加计算逻辑，存内逻辑可以直接在内部存储执行数据计算。

主流存算一体的存储器对比见表2-1。

表2-1　主流存算一体的存储器对比

存储器类型	优势	不足	适合场景
Flash	高密度、低成本、非易失、低漏电	对PVT变化敏感，精度不高，工艺迭代时间长	小算力、端侧、低成本、待机时间长的场景
各类NVRAM	能效比高、高密度、非易失、低漏电	对PVT变化敏感，有限写次数，相对低速，工艺良率尚在爬坡中	小算力、端侧边缘推理、待机时间长的场景
DRAM	高存储密度、融合方案成熟	只能做近存计算，速度略低，工艺迭代慢	适合现有冯·诺依曼架构向存算一体过渡

续表2-1

存储器类型	优势	不足	适合场景
SRAM（数字模式）	能效比高、高速、高精度、对噪声不敏感、工艺成熟先进、适合IP化	存储密度略低	大算力、云计算、边缘计算
SRAM（模拟模式）	能效比高、工艺成熟先进	对PVT变化敏感，对信噪比敏感，存储密度略低	小算力、端侧、不要求待机功耗

目前可用于存算一体的成熟工艺存储器有DRAM、SRAM、Flash。

DRAM成本低、容量大，但是可用的eDRAM Ip核工艺节点不先进，读取时延也高，且需要定期刷新数据。Flash则属于非易失性存储器，具有低成本优势，一般适合小算力场景。SRAM在速度方面具有极大的优势，有近乎最高的能效比，容量密度略小，在精度增强后可以保证较高的精度，一般适用于云计算等大算力场景。

目前学术界比较关注各种忆阻器在神经网络计算中的引入。阻变式存储器使用电阻调制来实现数据存储，读出电流信号而非传统的电荷信号，可以获得较好的线性电阻特性。但目前NVRAM工艺良率爬坡还在进行中，而且依然需要面对非易失存储器固有的可靠性问题，因此目前主要用于小算力、端侧、边缘计算等。

（2）存算技术的发展趋势

存算技术的未来发展趋势包括提升计算精度、多算法适配和存算／数据流编译器的适配。

①提升计算精度。模拟内存计算精度受到信噪比的影响，精度上限在4～8bit，只能做定点数计算，难以实现浮点计算，并不适用于需要高精度的云计算场景和训练场景。

数字存算技术不受信噪比的影响，精度可以达到32bit，甚至更高，可支持浮点计算，是云计算场景存算的发展方向。

②多算法适配。目前大部分存算芯片还是针对特定算法的领域专用加速器（Domain Specific Accelerator，DSA），因此当客户算法需求改变时，很难做到算法的迁移和适配。这使一款存算芯片可能只能适配优先的细分市场，

难以有较大的销量。

为了解决多算法适配的问题，目前产业界开始使用可编程或可重构的技术来扩展存算架构的支持能力。其中可重构存算的能效比高于可编程存算的能效比，具有更大的发展潜力。

③存算／数据流编译器的适配。存算一体芯片产业化处于起步阶段，目前仍面临编译器支持不足的问题，大部分存算芯片采取DSA的方式进行落地，以规避通用编译器的适配问题。但随着存算技术的高速发展和落地，对应的编译器技术也在快速进步。存算技术在海量数据计算场景中拥有天然的优势，将在云计算、自动驾驶、元宇宙等场景拥有广阔的发展空间。存算技术正处在从学术领域到工业产品落地的关键时期，随着存算技术的不断进步和应用场景的不断增多，预计存算一体技术将成为AI计算领域的主要架构。

2.2.1.3　云原生

算力最终是为应用服务的。算力的基础硬件架构在不断地演进与优化，上层的应用软件构建技术也需要优化，才能互相匹配，最终服务好业务。

在数智化时代，软件正变得越来越复杂，终端对于响应速度的要求越来越迫切，对运行稳定性的需求变得越来越高，这给开发工作带来了很大的压力。

在原有技术的基础上，功能复杂程度、交付周期和可靠性不可能同时实现，而云原生或许带来了解决办法。

云原生是一种构建和运行应用程序的方法，是一套技术体系和方法论。云原生（Cloud Native）是一个组合词，即Cloud+Native。Cloud表示应用程序位于云中，而不是传统的数据中心；Native表示应用程序从设计之初便要考虑到云的环境，原生为云而设计，在云上以最佳姿势运行，充分利用和发挥云平台的“弹性+分布式”优势。Pivotal公司官网对云原生概括为4个要点：DevOps+持续交付+微服务+容器化。①微服务：大部分云原生的定义中都包含微服务，与微服务相对的是单体应用，微服务有理论基础，即康威定律，它指导服务怎么划分。微服务架构的好处是按“功能”划分后，服务解耦，内聚更强，变更更容易。微服务作为一种应用架构，可以让每个服务独立开发、部署、运行。除了具有解耦的优点，这种构建方式可以让应用按需迭代，像细胞分裂再生一般不断更新，实现演进式设计。这一特性使应用的内在组织结构是动态变化的，而不可变基础设施（如容器、Pod）让这一变化方式更容易实现。②DevOps：它是个组合词，Dev+Ops，即开发和运维的合体，DevOps为云原生提供持续交付能力。③持续交付：持续交付是不误时开发，不停机更新，小步快跑。它是反传统（瀑布）式开发模型。④容器化：Docker是应用最为广泛的容器引擎，在思科、谷歌等公司的基础设施中被大量使用，是基于Linux Container的技术，容器化为微服务提供实施保障，起到应用隔离作用，K8S是谷歌公司研发的容器编排系统，用于容器管理、容器间的负载均衡。Docker和K8S都采用Go语言编写。

在算力时代，大量应用将部署在云基础设施之上。这一方面缓解了客户硬件部署、运维方面的压力，另一方面为应用的调度提供了基础。当然，这需要一个过程。当前第一阶段工作是将原先传统的本地应用通过使用云原生技术进行重构。

构建一个分布式系统通常要实现三个部分的内容：业务逻辑、控制逻辑、技术框架。业务逻辑是重中之重，是为客户实现商业价值的核心所在，也是主要的开发活动。控制逻辑用来辅助业务逻辑完成一些特定的需求，我们称之为非功能性需求，例如把数据切分成多段进行传输，用循环实现一个重试功能等。控制逻辑通常会利用中间件、类库的方式实现复用。技术框架提供了封装好的模型、流程和工具库，提升了开发效率。当然框架并不是必需的，完全可以基于语言特性直接开发应用。

在这三个部分的工作中，只有业务逻辑是客户要求的，即实现客户的商业价值。但出于性能/可用性、可扩展性等一系列质量属性的需要，不得不开发一系列与业务无关的非功能性需求。

从2006年AWS推出EC2到现在，云平台的职能发生了巨大的变化。一开始它只能提供单一的计算资源，应用开发的整个流程和依赖项依然需要开发人员实现和管理。而现在，云平台的计算、存储、网络、安全等各种资源和能力面面俱到，大量的非功能性需求都下沉到基础设施层面。越来越多的资源、特性、能力通过云平台实现，开发者只需要管理好自己的数据，即业务本身。因此，云原生应用应该以业务构建为核心，利用云的能力获取，而不是自己开发非功能性的需求，从而让开发过程变得纯粹而高效。

应用构建需要遵循流程，应用演进亦是如此。AWS提出的现代化应用构建理论是开发云原生应用的实践方法，它将应用构建分为以下三个阶段。

（1）第一阶段：应用平移

应用平移阶段主要包括两个方面的内容：一是从单体应用到微服务的改造，这个过程中需用到“绞杀者”模式；二是容器化。

①“绞杀者”单体应用。“绞杀者”模式是一种系统重构技术，它的名称来源于一种叫“绞杀无花果”的植物。这种植物会缠绕在宿主树上吸收养料，然后慢慢向下生长，直到在土壤中生根，最终杀死宿主树使其成为一个空壳。在软件开发行业中，这成为一种重写系统的方式，即围绕旧系统逐步创建一个新系统，让它慢慢成长，直到旧系统被完全替代。

“绞杀者”模式的优势在于它是一个渐进的过程，容许新旧系统共存，并给予新系统成长的时间，还能够降低风险。一旦新系统无法工作，我们可以迅速地把流量切换回旧系统。

②应用容器化。微服务让应用具有按需演进的能力，容器的这种能力变得更容易实现。

一方面，容器允许我们使用更小的计算单元，降低构建成本；另一方面，容器定好了应用的构建标准，让不同的团队基于不同技术栈的服务以统一的方式部署运行，降低了对基础设施的维护压力，并让CI/持续交付（Continuous Delivery，CD）流水线的构建变得统一和便捷。

（2）第二阶段：云上重构

容器化仅仅是基础，应用还需要通过编排实现生命周期管理。例如，可以选择AWS托管的K&S产品EKS作为容器编排和管理平台。

将应用从容器转变为以K&S Pod为载体的过程如下。

首先针对应用特性选择对应的资源类型，例如，常用的无状态服务选择使用Deployment，有状态服务选择使用StatefulSet，守护进程选择使用DaemonSet，任务相关选择使用Tob、CronJOb。然后将服务暴露出去使集群内或者集群外能够访问。

进入应用的外部流量有两种：一是页面访问；二是OpenAPI。

内部流量也有两种：一种来自集群外部，是其他存量系统对应用的访问，可以通过DNS域名绑定来实现；另一种是微服务之间的调用，可以直接通过服务名方式访问实现。

随着微服务的不断增多，服务之间的调用拓扑也越加复杂，流量控制、治理和监控等需求也越来越重要。

Service Mesh可用于管理服务间的流量。我们通过它实现了按类型的流量切分，将来自页面和应用程序接口（Application Programming Interface，API）的请求分发到不同的端点去处理；而超时、重试、熔断这些弹性能力也可以通过声明式配置实现，不需要手动编写控制逻辑。

存储层面也需要进行相应的重构，以便基于数据特性选择最合适的解决方案。例如把广告库存信息等元数据迁移到NoSQL键值数据库，以提升其查询效率。

另外，与监控平台的整合让微服务应用的可观察性获得极大提升。应用的业务日志和请求日志都会存储在ELK[①]中，流量指标被统一收集到监控平台的Prometheus系统，并通过仪表盘展示。还可以基于Jaeger（一种分布式调用链跟踪工具）构建一个分布式追踪系统，方便查看服务的调用链路并进行根本原因分析。

至此，云原生应用形态逐渐清晰。从微服务架构、容器化，到K&S容器编排，再到使用Service Mesh实现流量控制，应用已经使用了所有云原生定义中的核心技术。

（3）第三阶段：构建新应用

在应用架构不断完善的同时，还可以积极探索更加灵活和轻量级的Serverless解决方案。

云原生业务场景一般是异步的、计算型的任务，不需要实时在线。为这种业务构建一个微服务显然不合理（异步、离线计算任务不需要实时在线，运行完即结束，一个总是在线的守护进程服务空闲时间太多，浪费资源）。而Serverless按需启动、根据流量自动伸缩的能力非常适合这些场景。同时，

① ELK是Elasticsearch、Logstash和Kibana这3个开源软件的缩写。这3款软件都是开源软件，通常配合使用，故简称为ELK协议栈。

因为不需要对服务器等基础设施进行管理，运维效率也有所提高。

完成应用的云原生改造后，直接以云原生的方式开发应用，即在设计思路上优先基于云原生技术和编程范式进行应用的构建。例如，利用K&S控制器模式以声明式配置的方式管理应用资源，优先选择服务网格的能力实现服务治理，而不是手动开发控制逻辑，通过服务的可观察性以开发者视角主动关注应用的运行状态。

上述这些都需要开发人员摒弃传统开发习惯，以云原生的设计理念和方法来构建应用。也只有这样，才能实现云原生技术以业务为核心的愿景，回归软件开发的本源。

2.2.2　网络基础设施关键技术

2.2.2.1　SRv6

基于第6版互联网协议（Internet Protocol Version 6，IPv6）的段路由（Segment Routing IPv6，SRv6）是段路由（Segment Routing，SR）的一种，即在IPv6转发平面应用的SR技术。SRv6同时继承和发展了SR技术高效可编程的优势和IPv6技术易于大规模扩展的优点。

（1）SRv6产生的背景

对于5G承载网来说，无论技术场景如何划分，更大带宽、超低时延、大规模且复杂的网络连接，以及适配灵活的业务连接模型都是5G目标网络为承载网提出的基本诉求。通过光传送技术的升级和灵活以太网（Flexible Ethernet，FlexE）、灵活光传送网（Flexible OTN，FlexO）等切片技术的引入，提供大带宽承载，在一定程度上实现灵活的业务连接是5G承载网最容易满足的需求，也是5G部署初期的目标需求，而其他需求则要进一步对承载网进行改造。为解决传统IP/多协议标记交换（Multi-Protocol Label Switching，MPLS）网络应用于5G网络时，在转发性能提升、跨域部署难度、网络／业务／协议配置和管理上的复杂度等问题，SR技术被引入5G技术体系。

IP/MPLS本质上是对传统IP网络的优化。MPLS在一定程度上解决了按业务属性提供不同服务质量（Quality of Service，QoS）等级、路由转发效率、虚拟专用网络（Virtual Private Network，VPN）配置管理等问题，但随着路由表查找算法的改进、路由芯片性能的升级、IP网络规模的持续扩大、业务对网络连接复杂度需求的进一步提升，IP/MPLS网络所能提供的功能、性能与不断涌现的新业务场景需求之间的"剪刀差"在不断扩大，需要从另一个视角重新审视网络与承载技术解决方案。

此时借鉴了源路由思想的SR技术出现在技术专家们的视野中。SR的核心思想是，在一张极为复杂的网络中，从源地址至目的地址的可能通达路径有许多条，既然在当前的技术水平下暂时无法做到集中控制网络内所有节点快速收敛路由，那么不妨将报文的端到端转发路径分割为不同的段（Segment），通过段标识（Segment Identifier，SID）进行标识，在报文转发路径的头节点处对不同的段进行组合，确定完整的转发路径，并插入分段信息下发至下游节点，各个中间节点仅按照报文中携带的分段信息进行转发，而不是像传统IP网络那样，各个网络节点根据自己的路由表选择最短路由。这种机制无须重新部署现网的网络设备，而是通过增量式的演进很好地实现业务快速响应与网络架构演进之间，以及集中控制与分布转发之间的平衡。

受5G技术场景、物联网等"万物互联"应用的启发，人们将云、网络等一系列原本解耦的硬件设施抽象为算力与调度运送算力的连接能力，连接能力的快速增长能满足未来带宽容量和连接数的需求。

IPv4的地址空间问题限制了所有基于IP的网络、业务的发展，而IPv6具有极大的地址空间，能够轻松地解决IP地址短缺的问题。此外，IPv6的简约化控制管理、功能可扩展性强等特性还满足了灵活、高效、快速适配各类细分业务场景的需求。这一点在业内早已达成共识，基于IPv6的网络也在广泛部署中。

由此，融合了SR与IPv6的SRv6技术应运而生。基于MPLS传送平面的SR被称为SR-MPLS，其使用的SID为MPLS标签。基于IPv6传送平面的SR被称为SRv6，其使用的SID为IPv6地址。

（2）SRv6的工作机制

SRv6通过对段路由扩展报文头（Segment Routing Header，SRH）的处理

来实现设想中的各种功能。而SRH则是基于IPv6的扩展报文头扩展而来，这使SRv6报文与IPv6报文的封装结构完全一致，任何IPv6网络设备均可识别，不影响SRv6报文在网络中的转发。

相较于IPv4的报文格式，IPv6的报文格式更为简单，字段大大减少，其根本原因在于IPv6引入了基本报文头和扩展报文头的概念。IPv6基本报文头共40字节，扩展报文头为0字节及以上。当需要有1个及以上的扩展报文头时，IPv6基本报文头中的Next Header字段将会指向下一个扩展报文头的类型，而每个IPv6扩展报文头中的Next Header字段也将指向下一个扩展报文头的类型，如果后续不再有扩展报文头，那么该Next Header字段将指向上层协议类型。

SRv6在IPv6的扩展报文头中新增了一种类型，即SRH。SRH存储了IPv6的路径约束信息（Segment List），转发路径的中间节点通过解析就可以按照SRH中包含的路径约束信息进行转发。

在SRv6网络的转发路径中，各网络节点对收到的IPv6报文头进行解析，SRH扩展报文头的剩余段和Segment List信息共同决定了IPv6的目的地址。指针剩余段的最小值为0，最大值为SRH中SID的个数减1。在一条SRv6网络路径中，每经过一个SRv6节点，下一个节点所需处理的剩余段减1，IPv6目的地址（Destination Address，DA）的信息相应变换，DA值将被赋予指针当前指向的SID。剩余段和Segment List字段共同决定了IPv6 DA的取信。

与SR-MPLS对标签的处理流程不同，SRv6网络节点对SRH的处理是自下而上的，并且经转前一个段（Segment）不会弹出。SRv6报文头自始至终保留了完整的路径信息，可以实现路径回溯。路径约束信息在头节点处生成，相对于分布式处理的IP/MPLS机制，更容易实现SDN集中控制。

SRv6的主要工作流程如下：

①控制器收集网络拓扑信息，包括节点、链路信息、开销、带宽、时延等，它们作为基础参数进行集中计算。

②控制器按业务需求计算转发路径。

③控制器将路径信息下发给该条业务的头节点。

④头节点为业务选择适合的策略及路径。

⑤头节点向下游节点发布SID指令。

由于转发路径在控制器集中计算，而控制器掌握了全网的相关信息，所示计算结果对于单条链路来说可能不是最佳，但从网络全局来看却是最优方案。

此外，SRH中封装了完整的控制信息，即使通过非SRv6节点也不会丢失，可以对业务的端到端路径实现精细控制，满足低时延、大带宽、高可靠等服务等级协定（Service Level Agreement，SLA）需求，并且在业务需求改变时能够快速响应、快速调整，实现真正的业务驱动网络。

2.2.2.2 数据中心网络关键技术

（1）Spine-leaf（脊-叶）架构

传统IP网络的常用组网拓扑是经典的三层结构，即“核心-汇聚-接入”。大到电信运营商的骨干数据承载网，小到企业内部局域网，基本沿用这种拓扑结构。三层结构的设计理念源于业务南北向的显著流向特征、TCP/IP的运行机制、设备的性能及端口受限。

具体来说，在IP网络相当长的一段发展时期内，路由器、交换机等网络设备的物理端口、转发性能均极为有限，在一台网络设备上配置较多的端口，不但会大幅提高硬件采购成本，而且该设备的转发性能、稳定性将给整个网络带来较大的风险，因此，网络设计者往往倾向于按某些规则对网络进行划分，流量层层收敛汇聚，区域间的流量通过上一层网络设备进行转接，以此将风险控制在一定的范围内，并根据网络层级配置不同性能的设备，降低网络的整体造价。

采用传统三层网络架构进行内部组网的数据中心，其目的是为南北向数据传送提供高效的承载能力，确保数据中心向外的数据输出，并通过高收敛比节约网络建设的直接成本。在传统的网络架构下，数据中心内部和外部之间的数据流量占比较大，而仅在数据中心内部传输的数据占比较小，业务流向模型与传统的电信运营商承载网络非常相似。

在传统的三层网络架构中，最上层的核心层部署核心路由器，性能最强，数量最少，一般为2台或4台。

中间的汇聚层部署汇聚路由器，一般成对配置，向上连接一对核心路由器，向下连接多台接入交换机，负责同一汇聚区域内多个接入交换机之间的数据转发，或者跨汇聚区域的数据转发。汇聚层作为服务器网关，还可以增加防火墙、负载均衡和应用加速等应用优化设备。核心层、汇聚层是数据中心网络的骨干部分，为数据中心的数据提供高速的转发服务。

最底层的接入层则通常部署接入交换机，主要连接数据中心服务器。

在传统业务模式中，某一个特定服务要访问的资源均集中在一台服务器上，服务器在向客户端提供服务的过程中，并不需要向其他服务器发出处理请求。随着服务请求的增加，需要提升的是网络中南北向数据的传送转发能力和单台服务器的运算能力，网络中东西向的流量负载并不会增加。

随着云数据中心的兴起，数据中心内部的服务器体量与网络规模不断扩大，对网络的需求也已发生变化。

对于大型云数据中心来说，服务器的部署已经超出了地域的限制，2台服务器之间的数据传输可能需要经过2台汇聚层交换机和1台核心层交换机，这将会产生较大的时延甚至发生拥塞。

在传统三层网络架构下，当存在大量的东西向流量时，汇聚交换机和核心交换机的负载会大大增加，网络规模扩大，维持转发性能的瓶颈聚焦在核心层、汇聚层网络设备上。

想要支持更大规模的网络，必须部署性能优越、端口密度高的网络设备，设备的直接成本将大大提高。为避免核心层、汇聚层割接时对网络造成大面积影响，就要在网络建设时预先设定网络的目标规模，并按目标架构规划好相关配置和演进方案。

在运营初期，网络规模小，抑或是网络的发展达不到预期，配置高性能网络设备会导致设备资产不断折旧，无法形成与性能相匹配的产出，造成资源浪费。而当网络规模持续扩大，抑或是业务发展势头迅猛时，初期配置比较低端的网络设备将导致业务发展受限，此时平滑扩容比较困难。这让数据中心的运营方陷入成本与可扩展性的两难选择之中。

在业务模型与网络架构的矛盾中，网络扁平化需求愈加强烈，更适应东西向流量承载的脊-叶（Spine-Leaf）式网络架构兴起。Spine-Leaf架构将传统的三层网络架构折叠为两层，即上层的Spine与下层的Leaf。不再设置核心层作为南北向网络出口和汇聚层间的转发调度，其功能由Spine层接替。

Spine交换机替代了原来的汇聚交换机，Leaf交换机替代了原来的接入交换机。

Leaf交换机与服务器等设备直接互联，每台Leaf交换机都与所有的Spine交换机相连，因此，任意2台服务器之间传送数据都只需要经过1台Spine交换机和2台Leaf交换机，减少了网络层级和中间节点的数量，极大地提高了数据传送效率。

Spine-Leaf架构具有极高的横向扩展性。由于Spine交换机之间、Leaf交换机之间的网络地位是相同的，没有直接互联关系，所以可以在不影响当前网络正常运行的情况下，极其方便地在现有网络中扩容新的Spine交换机或Leaf交换机。

当在网络中新增1台Spine交换机时，只需要对现网每台Leaf交换机新增上连至新Spin。交换机的链路，Spine层的容量不足问题即可得到解决。当在网络中新增1台Leaf交换机时，也只需要将其连接到每台Spine交换机上，Leaf层下连端口不足的问题即可得到解决。相比于传统三层网络架构，Spine-Leaf架构不需要大幅调整网络二层／三层配置，也不需要担心对现网业务造成大面积影响，快速部署能力大大提升。

从网络全局视角来看，当带宽不足时，仅需要通过新增Spine交换机在Spine层水平方向上扩展带宽，当服务器数量增加导致Leaf层接入能力不足时，仅需要增加Leaf交换机。这使数据中心规模的扩大变得更加简单，不需要准确预判网络规模及在运营初期就部署高性能交换机进行组网，只需要根据周期性的业务分析和网络报告适度超前进行网络扩容。

此外，Spine-Leaf架构对单个高性能网络节点或关键网络节点的依赖性显著降低，这使运维部门的压力减轻，也使网络设备白盒化的进程得以加速。

（2）IP-CLOS架构

CLOS架构起源于贝尔实验室，是一种用多级设备来实现无阻塞电话交换的方法。其核心思想是用多个小规模、低成本的单元来构建一个复杂的、大规模的架构。

CLOS架构首先在传输网领域为我们所熟知。SDH技术进入大规模发展时期后，大量业务对交叉矩阵的容量提出了挑战。受芯片技术的限制，采用单级架构无法制造出大容量交叉矩阵芯片，而两级架构则可能会出现阻塞，为SDH交叉配置带来了不便，三级CLOS架构能够以较小的成本大幅提升交叉矩阵容量，并能构造出无阻塞矩阵。朗讯公司研发了WaveStar系列分插复用（Add/Drop Multiplex，ADM）设备和DACS设备，其无阻塞的大容量虚拟容器交叉矩阵一度成为业界标杆。

在解决数据中心规模和东西向流量不断增加而导致网络扩展困难的问题时，CLOS架构又一次出现在业内人士的选择名单中。凭借CLOS架构在SDH时代的出色表现，不难想象，采用IP-CLOS架构，可以让网络的设计者们不需要考虑数通产品性能的限制，不再依赖主流厂商对高性能、高密度设备的研发及商用进度，在极限情况下，即使使用廉价的、低容量的盒式设备，也能够组建一张规模庞大的网络。

当数据中心规模进一步扩大，例如，扩展到同一园区内的多个建筑、同一座城市的多个园区，甚至是多座城市的多个园区，又该如何去有序地规划Spine-Leaf架构，并能够简单地部署和维护它呢?

Facebook数据中心的Fabric架构设计给出了一个清晰而经典的答案，相关人员采用了一个五级的IP-CLOS架构来规划其下一代数据中心网络，并且其他公司也采用了类似的五级IP-CLOS架构，如思科公司的MSDC，博科公司的Optimized 5-Stage L3 Clos Topology。

Facebook对其数据中心网络进行重构的驱动力与绝大多数数据中心相同，即流量的指数级增长，尤其是数据中心内部服务器之间的流量比数据中心与外部互联网之间的流量高出几个数量级。

Facebook基础设施设计团队的核心理念包括两个：网络快速演进和支撑快速增长。同时，Facebook基础设施设计团队一直致力于保持网络基础设施足够简单，以便小型的工程师团队可以实施高效的管理。即使网络规模不断扩大、数据流量呈指数级增长，网络的部署和运营也变得越来越简单、快速。

因此，在进行下一代数据中心网络设计时，Facebook基础设施设计团队提出了一个大胆的想法，将整个数据中心建筑构建成一个高性能网络，而不是一个分层的超额订阅集群系统。他们还希望为快速网络部署和可扩展性能提供一条清晰而简单的路径，不需要在每次网络扩容时都拆除或定制大量的已部署的基础设施。

为了达到这个目标，该设计团队采用了一种分解方法：摒弃大型设备和集群，将网络分解为很多标准化的小型单元，即服务器POD，并在数据中心所有的服务器POD之间创建统一的高性能连接。

每个服务器POD的规格、配置都相同，包含48个服务器机架和4台Fabric交换机，服务器POD的外形尺寸统一，这个标准化的网络模块远小于Facebook传统数据中心的网络单元，但能够适应各种数据中心的平面布置，并且每个服务器POD只需要较低配置的中型交换机就能够对架顶（Top Of Rack，TOR）交换机进行汇聚。这意味着重新设计的服务器POD不但能够在各种数据中心建筑内快速复制，而且服务器POD内部的网络结构简单、模块化、稳健，Fabric交换机也不需要特别依赖主流厂商的某些高端型号。

为了获得无阻塞的网络性能（即使是理论上的），Facebook基础设施设计团队将TOR交换机的端口设置为上下行对等，即每个下联架内服务器的端口都设置了等量的上连至Fabric交换机的容量。

在F4架构中，Facebook基础设施设计团队创建了4个独立的Spine平面，每个平面最多可设置48台Spine交换机。每个服务器POD内的每台Fabric交换机都与其归属的Spine平面内的所有Spine交换机全连接。服务器POD与Spine平面共同构成一个模块化的网络拓扑，可容纳十万台以上的10G服务器接入，并提供PB级的跨POD连接带宽。

除了服务器POD，F4架构还配备了数量灵活的边缘POD，每个边缘POD都能够为整个网络框架连接外部的骨干网或连接同数据中心的其他建筑内的网络，还可升级到100GB或更高速率的端口。这种高度模块化的创新设计使Facebook数据中心能够在简单、统一的框架内快速扩展任意维度的网络容量。

①当需要更多的算力时，可以添加服务器POD。

②当需要更多Fabric架构内的网络容量时，可以在所有平面增加Spine交换机。

③当需要更多Fabric架构外的连接带宽时，可以增加边缘POD，或者对现有的边缘交换机扩容上行链路。

在F4架构中，POD与Spine平面是正交结构，我们可以从两个维度切分Fabric框架，无论是沿着POD平面切分，还是沿着Spine平面切分，总是能够得到相同拓扑结构的切面。因此这种设计保障了Fabric框架具有良好的连接性和扩展性。

尽管有海量的光纤连接，但在实际交付中F4架构的物理和布线基础设施远没有逻辑网络拓扑图看起来那么复杂。Fabric的设计团队与基础设施团队合作，对第三代数据中心Fabric网络的建筑设计进行了优化，缩短了线缆长度，并实现了快速部署。

从服务器机架或数据大厅总配线架（Main Distribution Frame，MDF）的视角来看，网络几乎没有变化。TOR交换机仍然只是连接到服务器POD的4台汇聚交换机，这与之前传统网络的连接方式相同。

对于Spine交换机和边缘交换机，在数据中心建筑的中央设计了特殊的独立位置，被称为大楼配线架（Building Distribution Frame，BDF）房间。在建筑物的建造初期，BDF就已经预先配备了Fabric的相关基础设施。数据大厅一旦建成就会立刻连接到BDF，这大大减少了网络部署的时间。

连接数据大厅MDF中Fabric交换机与BDF中Spine交换机的大量光纤实际上只是简单且无差别的直连干线。Fabric架构所有的复杂性都聚集在BDF中，易于管理。通过将每个Spine平面及其相应的主干和路径视为一个故障域，在发生故障事件时，随时可以安全地让故障域退出服务且不会影响网络的正常运行。为了进一步优化光纤长度，骨干设备可放置在专门设置于FabricBDF上方的主入口房间内。这使Fabric架构能够在简单而有物理冗余的拓扑中使用更短的垂直干线。

此外，BDF中所有FabricSpine平面在设计上都是完全相同的，并且布线位于每个独立的Spine平面内。端口布局是可视化的、可重现的，所有端口映射均由软件自动生成并加以验证。

随着Facebook业务的突飞猛进，数据中心的规模更加庞大，原有的F4架构设计面临着更大的机架间连接带宽和覆盖更大区域的双重压力。在权衡了叠加网络硬件、提升光模块带宽至超100Gbit/s等方案之后，最终采用了新的Fabric架构——F16。

F16的总体架构思路与F4一脉相承，但其通过硬件关键技术上的革新，削弱了结构扩张带来的连接复杂度、功耗倍增及光器件的天然限制。

F16架构的主要特点包括以下3个。

①新设计了一种128×100G端口的Fabric交换机，作为所有网络基础设施新的标准模块。Minipack基于灵活的、单ASIC设计，只使用了Backpack一半的功耗和一半的空间。此外，单芯片系统更易于管理和操作。

②每个平面都由16台128×100G端口的Fabric交换机组成，在保证带宽的同时，减少了采用400G光模块所带来的不利影响。

③每个服务器机架都连接到16个独立的平面。TOR交换机的服务器接入容量升级至1.6Tbit/s，上行带宽升级至1.6Tbit/s。

基于F16作为基本模组，Facebook也重新设计了数据中心结构，6个满配的F16Fabric通过以Minipack为基本模块的高级网格（HGRID）聚合在一起，Spine交换机与HGRID直接相连，替代了F4架构中的边缘POD，这使数据中心网络中的东西向数据流进一步扁平化，并将每个Fabric行到区域网络的带宽提升到PB级别。

（3）白盒交换机

随着云计算的蓬勃发展，云数据中心成为承载云计算业务发展的基石，内外部网络均围绕数据中心进行规划，甚至传统的电信运营商也提出了网络由以中心交换局（Center Office，CO）为中心转向以数据中心（DC）为中心。相较于数据中心之间的骨干网，数据中心内部网络的复杂程度更高，为了降低东西向流量和设备数量快速增加而带来的网络管理难度，充分发挥自身的软件技术优势，并尽量弱化对硬件制造厂商的依赖，云计算厂商不约而同地倾向于“开放硬件”思想。

在“开放硬件”思想的推动下，白盒化与开放化成为云数据中心服务器、交换机的重点发展方向。新入场的白盒厂商（包括新增白盒产品线的传统数通设备厂商）既需要向底层适配不同供应商的ASIC平台，又需要为上层App提供标准化的API，从而实现软硬件解耦。

2017年，微软在开放计算项目（Open Compute Project，OCP）提交了交换机抽象接口（Switch Abstraction Interface，SAI），并正式发布SONiC开源网络操作系统。SONiC将SAI作为白盒交换机架构中关联上层App与底层硬件的中间件，消除了不同ASIC解决方案之间驱动软件的差异，从而使SONiC的网络功能应用能够适配多个芯片供应商的ASIC。

数据中心交换机的白盒化从谷歌公司布局WAN自研交换机开始加速，

最终谷歌B4项目以自研的WAN交换机操作系统为核心，通过成熟的ODM批量生产硬件平台得以实施。

随后AWS也开始了自己的网络交换机操作系统研发，云计算厂商自研交换机大多通过OpenFlow协议来对流量进行精细规划，以提升WAN出口的带宽利用率。其中谷歌B4项目使链路带宽利用率提高了3倍以上，接近100%，并基于对每一条数据流的精确控制，实现了网络的监控和报警。

B4项目成功后，谷歌启动了数据中心网络交换机的自研项目，项目的核心目标是用白盒交换机支撑大二层数据中心网络架构的实现。这种交换机仍然使用OpenFlow作为管理面与控制面对接，并让IDC和WAN在上层抽象成一张网络，以便于监控网络流量。交换机的硬件在功能特性上简约化，保证开发周期和稳定的质量。交换芯片的转发机制仍是使用FDB和路由表，最大限度地挖掘了交换芯片的硬件能力。这一自研项目非常成功，成为谷歌第5代数据中心架构的基础构件。这种完全依赖云计算厂商进行软件驱动的交换机，被称为裸金属交换机，与之对应的是以Arista为代表的自研操作系统+商用交换芯片的白盒交换机。

白盒化对于互联网行业、数据中心行业的大型企业来说，能够提升自身对网络架构演进的掌控，因而产生极大的吸引力，对于一些具有开发能力的中小型企业，借助SONiC，也有机会参与细分市场的竞争。

（4）存储网络

随着云计算技术的发展，数据中心采用的存储系统设备形态从传统的磁盘阵列逐步向分布式存储系统转变。

传统的磁盘阵列设备有光纤通道（Fiber Channel，FC）SAN磁盘阵列、IP SAN磁盘阵列、NAS磁盘阵列等，其存储协议多为块存储接口方式及文件存储接口方式。FC SAN磁盘阵列和光纤交换机通过光纤互联，采用光纤通道协议通信，组成FC SAN存储网络。FC互联端口目前采用的速率以8Gbit/s、16Gbit/s居多。IP SAN磁盘阵列、NAS磁盘阵列和IP交换机通过光纤互联，采用IP通信，组成IP存储网络。以太网模块可以支持更快的传输速率，如1000Mbit/s、10Gbit/s、25Gbit/s、40Gbit/s、100Gbit/s等，目前存储系统中采用10G端口的居多。

近年来，软件定义存储由于其较强的扩展性和灵活性、良好的性价比等优势，开始在云数据中心得到广泛应用。软件定义存储通过软件实现存储的诸多特性，并且能够基于策略灵活地与应用的存储需求进行匹配，同时可简化存储管理方式，实现在统一的可视化管理界面上对存储进行全局管理。

作为软件定义存储的一种典型实现方式，分布式存储软件将多台x86服务器的硬盘聚合起来并行工作，并采用应用软件或应用接口，对外提供数据读写和业务访问的功能。分布式存储系统采用多台服务器组成服务器集群，和IP交换机互联。近年来，互联端口以10GE光口居多，并逐步向更高速率的光口演进。

分布式块存储系统是基于x86服务器的分布式块存储，在数据中心的应用越来越普遍；应用在网盘、云盘业务领域的云存储系统也属于一种分布式存储，其显著特点是采用了对象存储接口方式，支持多租户、大规模、高并发的数据存储，访问便捷、管理高效。此外，分布式文件存储也是一种分布式存储。

分布式存储系统具有以下特点。

①高扩展。不存在集中式机头，平滑扩容方便，容量限制较少。

②高性能。采用分布式哈希数据路由的方法，数据分散在多个节点存放，全局负载均衡，没有集中的数据热点和性能瓶颈。

③高可靠。采用集群管理方式，解决了单点故障问题，不同数据副本存放在不同的服务器和硬盘上，如果单台设备发生故障，那么系统检测到设备故障后可以自动重建数据副本，对业务的影响较小。

④易管理。摒弃了存储专用硬件设备，存储软件直接部署在服务器上，软件配置和管理可以通过WebUI的方式进行，配置简单方便。

随着服务器虚拟化、软件定义存储等技术的进一步发展，市场上出现了超融合架构的设备。它结合了服务器虚拟化平台、软件定义存储、软件定义安全等多重特性，是更加精简和可控的IT架构。超融合架构也以集群方式部署，在通用服务器硬件上安装超融合软件，多台通用服务器之间通过以太网互联，构成一个分布式集群。该架构的扩展模式不依赖提高单台服务器的硬件配置，而是通过不断扩大服务器集群数量提升性能。

超融合产品更多地具备了分布式架构和软件定义属性，从而更加凸显了存储和计算资源的整合、按需扩展和按需投资的“云”特性。融合部署方式也进一步简化了IT基础架构，降低了系统的总拥有成本。近年来，越来越多的企业在搭建私有云时考虑采用超融合架构产品。

2.2.2.3　无损网络

数据中心是算力资源的生产端，随着算力需求的飞速增长，数据中心内部计算集群的规模也在不断扩大，对连接计算节点的网络性能要求也越来越高。算力的高质量调用无法接受各个环节出现细微的不同步，这就催生了计算与网络的深度融合。

狭义上的算力即计算能力和存储能力，而计算、存储、网络则是广义算力的3个要素，这3个要素是共生关系。从计算、存储的发展来看，GPU/AI芯片异构计算正在进入加速发展阶段，5年内计算性能有望提升600倍，而存储技术则借助芯片技术先一步得到了突破。固态硬盘相较于机械硬盘，读写性能提升了100倍，采用NVMe技术的固态硬盘相较于传统固态硬盘，读写性能又提升了100倍。计算和存储的发展，算力性能外溢，对网络提出了新的要求，即海量带宽、超低时延。

无损网络是满足算力高速发展的解决方案之一。我们可以从以下几个方面来理解无损网络对应用性能的提升措施：网络自身性能的优化、网络与应用系统的融合优化、网络运维的优化。

（1）网络自身性能的优化

对网络设备各项策略的调整可以实现网络无丢包、吞吐量最高、时延最低。此外，不同种类业务的优先级不同，对不同业务应有不同的服务质量保障策略，使等级高的业务能够获得更多的网络资源。网络自身性能的优化主要包括以下内容。

①基于端口的流量控制：用于解决发送端与接收端的速率匹配问题，抑制上行出口端发送数据的速率，以便下行入口端能够及时接收，防止交换机端口在拥塞情况下出现丢包，从而实现网络无损。

②基于流的拥塞控制：用于解决网络拥塞时对流量的速率控制问题，同时实现高吞吐与低时延。

③流量调度：用于解决业务流量与网络链路的负载均衡性问题，提供不

同业务流量的服务质量保障。

（2）网络与应用系统的融合优化

网络与应用系统的融合优化是指通过充分利用网络设备具备的有利于连接的优势，与计算系统进行一定层次的配合，以提升应用系统的性能。

（3）网络运维的优化

随着计算、存储、网络的资源池化和自动化，智能运维开始成为数据中心网络的重要运维手段。智能运维通过标准的API将网络设备的各种参数和指标发送至控制面，云化的控制面包含专门的网络分析工具，实现自动排除网络故障、自动开局扩容等功能。

2.2.2.4 确定性网络

确定性网络能够提供确定性服务质量，灵活切换确定性服务和非确定性服务，自主控制提供确定性服务质量的等级，全面赋能产业升级，支撑大规模机器通信、机器视觉、远程操控、人工智能、工业互联网、农业互联网、智能服务业的需求，支持确定性网络服务能力一体化与多样化跨域全局协同。

确定性网络技术包括灵活以太网、时间敏感网络（Time-Sensitive Network，TSN）、确定性网络、确定性网络协议、确定性IP（Deterministic IP，DIP）技术、确定性Wi-Fi（Deterministic Wi-Fi，DetWi-Fi）及5G确定性网络（5G Deterministic Network，5GDN）等。

（1）FlexE

FlexE是由光互联网论坛发布的通信协议，其基本思想是通过增加时分复用的FlexEShim层实现MAC层与PHY的解耦，使物理通道速率更加灵活，从而实现链路捆绑、子速率和通道化3种应用模式，承载各类速率需求业务。

FlexE技术旨在实现业务速率与物理通道速率的解耦，多个客户端可以共享FlexE组中物理通道的总速率，这一核心功能在传统以太网架构的L1（PHY）层的物理编码子层和L2（MAC）层中间插入一个额外逻辑层FlexE Shim层，通过时隙分发机制来实现。Shim层将业务逻辑层和物理层隔开，在FlexE 1.0标准中可以把FlexE组中的每个100GEPHY划分成20个时隙的数据承载通道，每个时隙对应的带宽为5Gbit/s。

①链路捆绑。链路捆绑是指将多个物理通道捆绑起来，形成一个总速率的逻辑通道，利用多个低速率物理管道来支持更高速率的客户端，实现大流量的业务传输，可以替代链路聚合组，并且能够避免哈希算法带来的低效率。

②子速率。当单条客户业务速率小于一条物理通道速率，多条客户业务流共享一条物理通道时，能够在一条物理通道的不同时隙上分别传递多个客户业务，多条客户业务流采用不同的时隙，实现等效于物理隔离的业务隔离。这是一种不需要流量控制的物理通道填充方法，可以提高物理通道的带宽利用率与物理通道的传递效率，实现网络切片功能。

③通道化。客户业务在多条物理通道上的多个时隙传递。多个客户共享多条物理通道。客户业务在FlexE上传递时，可以根据实际情况选择不同的时隙组合，合理利用物理通道带宽。

可以说，FlexE的核心功能就是由FlexE Shim层实现的，从而实现灵活的网络切片。此外，其核心技术还包括实现端到端的传输交叉传送技术、监控端到端传输的操作维护管理机制和提供传输可靠性的隧道保护技术。

（2）TSN技术

TSN技术通过精准的时间同步机制控制时延，利用帧抢占和流量整形机制在以太网链路中实现确定的传输路径，精确的资源预留机制和准入控制机制实现对时间敏感流量的优先调度，通过定义流的优先级来配置TSN流量，从而提供路径冗余和多路径选择等方式，实现确定的网络时延保障。

在产业领域，华为、思科、新华三等厂商均在研发TSN交换机，BroadCom、Marvell、ADI等厂商已发布用于TSN交换机的不同规格的芯片。

（3）确定性网络

确定性网络可提供三层端到端的确定性方案。确定性网络允许单播或多播流的确定性转发及确定性网络流与其他业务流共网传输。确定性网络的实现方法包括资源预留、释放／重用闲置网络资源、集中控制、显性路由、抖动消减、拥塞保护、多径路由等。通过网卡可完成确定性网络相关的数据封装。

确定性网络为网络提供了一种低丢包率、有界端到端时延的数据流传输能力，可用于承载实时的单播或多播数据流。在确定性网络架构中，终端应用业务流通过网络用户接口与确定性网络的边缘路由相接，确定性网络域内由骨干路由与边缘路由组成，确定性网络域间由不同的边缘路由连接。确定性网络通过边缘路由的时延抖动测量、骨干路由的确定路径与资源预留，以及端到端显式路由与无缝冗余实现终端业务流的三层确定性传输。

确定性网络致力于将超低时延和高可靠性的服务扩展到三层网络，以及正常业务流量与确定性网络流共网传输。因此，基于确定性网络的技术需要满足3点技术要求：时钟同步和频率同步、零拥塞损失、可靠性和安全性。

（4）确定性IP网络

确定性IP网络是华为和紫金山实验室共同提出的一种适用于三层大规模网络的确定性网络技术架构，在数据面上引入周期调度机制进行转发技术的创新突破，在控制面提出免编排的高效路径规划与资源分配算法，真正实现大规模可扩展的端到端确定性低时延网络系统。

（5）5G确定性网络

5G确定性网络是指利用5G网络资源打造可预期、可规划、可验证、有确定性传输能力的移动专网，且提供差异化的业务体验。5G确定性网络有3种能力：差异化网络、专属网络、自助网络。差异化网络包括带宽、时延、抖动、丢包率、可用性、高精度定位、广域/局域组网等的差异性；专属网络包括网络安全、资源隔离、数据/令保护等特性；自助网络包括线上/线下购买、网络自定义、快速开通、自管理/自维护、网络自运营等特性。

为保障确定性服务的提供，5G确定性网络架构分为确定性服务管理、确定性网络调度与控制中心、保障与度量3个层面。5G确定性网络的核心模块包括5G核心网、高性能异构MEC和动态智能网络切片等。当前的5G确定性网络架构已经通过第三代合作伙伴计划（3rd Generation Partnership Project，3GPP）R16/R17版本进行了定义，并在R18版本中进一步增强。

5G确定性网络可以集成其他确定性网络技术，利用FlexE、TSN、DetNet等技术强化其端到端确定性传输能力和网络切片能力，从而进一步保证确定性端到端传输质量。

2.2.2.5 应用感知网络

应用感知网络（Application-aware Network，APN）能够通过使用度量和反馈自动调整网络要素、特性甚至网络架构，来自动适应应用性能或者负载的需要，从而进一步提高网络的智能化。基于IPv6的应用感知网络可以利用IPv6的可编程空间，在用户侧将应用信息和需求封装在业务报文中，在网络侧进行标记识别和应用质量保障，使网络可以有效地感知应用的差异化需求，从而提供应用级网络服务。

2.2.3 算网一体关键技术

算力网络在工程实际应用中首先面临的是算力的感知与度量，进而才能实现对算力的编排并合理快速匹配业务需求。目前，如何感知算力并通过有效建模形成统一度量的算力资源，最终通过合理编排来满足实际的业务需求，是算力网络研究的重点和难点之一。

2.2.3.1 算力标准化度量与建模

如何对算力进行统一、标准化的度量和建模是构建算力网络的基础。算力度量可以对算力需求和算力资源进行统一抽象描述，并结合网络性能指标形成算网能力模板，为算力路由、算力管理和算力计费等提供标准统一的度量规则。算力度量体系包括对异构硬件芯片算力的度量、对算力节点能力的度量和对算网业务需求的度量。

目前，业界尚未统一算力度量单位，通常采用每秒浮点运算次数、每秒亿万次运算衡量算力大小。例如，超级计算机在现有应用案例中，以采用虚拟机、容器等粗粒度的衡量单位为主。

算力标识是全局统一、可验证的，用于标识算力资源、函数、功能和应用等不同维度的算力。用户通过算力标识可获取目标算力服务、算力需求等信息。

算力标准化度量和建模体系具体需要满足以下4点技术要求。一是支持异构硬件算力的度量，即对不同芯片的组合以及不同形态的硬件进行统一的算力度量。二是支持多样化算法算力的度量，即通过对不同的算法（例如神经网络、强化学习、深度学习等算法）所需的算力进行度量，可以有效地了解应用调用算法所需的算力，从而有效地服务应用。三是支持对用户算力需求度量，从而高效地服务应用。四是支持对不同的计算类型进行统一的抽象描述，形成算力能力模板。

（1）算力度量

算力是在完成不同的计算任务过程中衡量单位时间内计算设备可处理数据量的指标，数据处理方式包括但不限于浮点计算、稠密矩阵计算、向量计算、并行计算等，数据处理过程受硬件、算法、数据提供方式等方面的影响。

从设备性能的角度来看：首先，对异构硬件设备进行算力度量，可以有效地展示设备对外提供计算服务的能力；其次，由于计算过程受不同算法的影响，我们可以对不同算法进行算力度量的研究，从而获得不同算法运行时所需算力的度量；最后，用户需要的不同服务会产生不同的算力需求，通过构建用户算力需求度量体系，有效地感知用户的算力需求。

（2）算力建模

对异构计算资源进行建模，可以建立统一模型描述语言，从而探索节点资源性能模型，实现异构节点的统一模型化功能描述；结合节点资源性能模型，探索不同算法算力需求的功能，构建服务能力模型，可以实现节点服务能力的多维度展示。

在算力建模过程中，首先，需要对异构的物理资源进行建模，将FPGA、GPU、CPU等异构的物理资源构建成统一的资源描述模型；其次，从计算、通信、存储等方面对资源性能建模，构建统一的资源性能指标；最后，通过构建资源性能指标与服务能力的映射完成对服务能力的建模，算力建模的最终目的是实现对外提供统一的算力服务能力模型。

①异构资源建模：现有的FPGA、GPU、CPU等异构的物理资源通常采用不同的架构，具备的能力也各不相同，通过对不同计算设备中异构的计算

资源进行建模，可实现服务屏蔽底层物理资源的异构性，建模过程需要考虑现有的CPU、GPU、FPGA、ASIC等多维异构资源。

标准化语言描述如下。

名称：提供了属性名称。

符号：提供了属性缩写，采用驼峰命名的方式。

类型：提供了对应属性的类型。

描述：提供了针对属性的简要说明。

②资源性能建模：从计算、通信、存储等方面对资源性能建模，构建统一的、可度量的资源性能指标，从而统一标识不同算力设备在各个方面的性能。

③服务能力建模：算力建模的最终目标是实现对外提供统一的算力服务能力模型，通过建立服务能力指标与资源性能映射机制，构建服务能力模型。

2.2.3.2 算力感知与路由

（1）算力感知

算力感知是指在算力进行统一度量与标识的基础上，捕捉业务算力需求信息和算力资源信息的技术，从而为算力网络调度编排提供基础，实现资源配置的最优。目前业界对于算力感知的概念仍未达成共识，技术路线尚未统一。中国移动基于华为CFN发布了《算力感知网络白皮书》，中国电信已制定算力感知技术发展路线并初步实现第一阶段的目标，中国联通处于算力感知技术和标准研究阶段，6G网络AI联盟等前瞻技术研究组织正在推进基于意图网络的业务需求感知研究工作。

算力感知需要感知用户业务需求，即入口网络节点接收用户业务请求并感知用户业务需求，包括网络需求（带宽、时延、抖动等）和算力需求（算力请求类型、算力需求参数等）。例如，通过扩展IPv6协议字段携带应用和需求信息（带宽、时延、抖动和丢包率、算力需求等），让网络进一步了解用户的算力需求，综合网络和算力需求进行路由调度，提升算力服务的网络效率。

多维资源和服务的感知是实现动态、按需调度资源的前提，不同的边缘计算节点将其资源状态信息或部署的服务状态信息发布至就近的网络节点，网络节点将以上信息在网络中予以通告和更新。我们可通过扩展现有的路由协议，将算力节点的服务状态信息封装在数据包中，使网络可实时感知算力节点的信息。

算力感知技术的实现分为两个阶段：网络弱感知阶段和网络强感知阶段。目前，多种算力资源感知的技术路线已被提出，在自主研发的集中式方案中，已实现网络弱感知方案，下一个阶段将融入AI算法，研究网络强感知的算力资源感知方法。

（2）算力路由

算力路由是指将网络资源信息与算力资源信息进行有机整合，通过某种方式进行分发，以实现全网资源信息的通告，实现全局信息的共享。算力路由基于对网络、计算、存储等多维资源、服务的状态感知，将感知的算力信息全网通告，通过“算力+网络”的多因子联合计算，按需动态生成业务调度策略，将应用请求沿最优路径调度至算力节点，提高算力和网络资源效率，保障用户体验。

算力路由控制主要将算力信息引入路由域，进行算力感知的路由控制，将网络和计算高度协同优化，具体需要支持用户需求感知、算力信息和网络信息通告、算力路由生成以及算力、网络联合调度等功能。

目前，算力路由主要分为集中式、分布式及混合式3种。集中式方案包括基于SDN/NFV的算网编排管控及基于域名解析机制的编排管控；分布式方案实现目前基于CFN等的协议，需要对现有网络设备升级，因此对网络影响较大。

算力路由技术方向的研究前期以集中式方案为主，目前正在推动分布式方案研究，混合式方案在前两者成熟后开展。

分布式和混合式路由方案主要基于CFN。CFN是指位于网络层之上的CFN薄层，将当前的计算能力状况和网络状况作为路由信息发布到网络，网络将计算任务报文路由到相应的计算节点，实现用户体验最优、计算资源利用率最优、网络效率最优的目标。

2.3　算力网络的编排

算力网络的编排管理和运营可能涉及的关键技术、理念主要包括虚拟化、容器技术、SDN技术、NFV技术、云迁移技术、RDMA技术、微服务、分布式集群、分布式缓存、分布式消息、负载均衡、统一建模、自动化技术、无服务器架构技术、异构计算、区块链技术、SRv6、APN6等，本节和相关章节将会对指定技术分别展开介绍。

2.3.1　统一建模技术

算网服务编排调度涉及很多关键技术、理念或组件能力，其中统一建模技术是算力网络运营实现网络自动化的关键技术。

在计算与网络服务的编排与调度中，统一建模技术是实现算力网络自动化的一个核心环节。该技术通过构建一个全面的服务模型，全面描述网络设备和网络架构，进一步封装为RFS/CFS，以支持算力网络的全面运营和维护。在网络运行时，这一模型能够自动化地执行网络的管理和控制。

为了迅速定义CFS/RFS/R的云应用拓扑编排标准，我们引入了TOSCA数据模型，该模型提供了通用、开放且可互操作的北向REST接口，支持YANG和TOSCA数据模型，以提升业务的反应速度。

2.3.1.1　服务对象统一建模

算力网络运用统一的服务对象来描述CFS/RFS/R的规格实体，并通过对象拓扑来详细描绘网络结构和服务组件。在对象拓扑中，我们设计了对象间的构成、连接、承载和支撑关系，从而建立起全网的服务对象树，清晰地展示服务对象的组成关系。

2.3.1.2 服务API统一建模

服务对象（CFS/RFS/R）定义了一组统一的、开放的、可互操作的北向管理与控制接口。资源接口涵盖了部署、配置、测试和采集，而CFS/RFS接口则包括网络准备、开通、维护和故障排除。基于这些北向接口，我们可以构建出全网的服务API树形结构，供编排器灵活调用，实现跨层级、跨领域的编排。

2.3.1.3 业务规则统一建模

为实现CFS/RFS/R的服务API，算力网络需要一套灵活的业务执行流程作为支撑。为满足不同客户的需求，这些流程是可以调整的，因此它们是动态变化的。为了实现灵活且自动化的网络服务编排，我们采用统一的业务规则来描述不同场景下的网络控制行为和流程操作。

这些动态的业务执行流程是基于事件定义的，并由依赖关系和策略规则驱动。依赖关系涵盖了服务对象拓扑中的子对象依赖关系和服务子对象的API依赖关系。在这两种依赖关系中注入动态策略规则，可以控制流程的动态路由。在设计阶段，可以基于事件的依赖关系和策略规则生成默认的全局执行流程。在运行阶段，根据API请求中的业务需求，流程中的路由应用策略规则可以动态决定执行流程的分支方向。

2.3.2 软件定义网络技术

软件定义网络（SDN）正引领着一场网络技术的革新，其核心理念在于通过软件来定义和实现网络功能，而硬件则退居幕后，主要承担数据的转发和处理任务。SDN和网络功能虚拟化（NFV）共同构成了广义的软件定义网络范畴。其中，SDN着重于将网络的控制层面与数据转发层面分离，从而实现更为集中和开放的网络控制，为现有网络的重新构建提供了可能。而NFV

则聚焦于将网络功能从专用的硬件设备中解放出来，通过软件在通用的x86服务器上实现虚拟化承载。

在SDN的实现过程中，涉及了多项关键技术，现详细解析如下。

2.3.2.1　网络建模和开放应用程序接口

随着网络规模的不断扩张和复杂性的增加，传统的简单网络管理协议已经难以满足自动化部署的需求。为了实现更高效的网络管理，SDN技术引入了网络建模和开放API的概念。网络建模是对复杂网络结构进行抽象的过程，根据抽象层次和目标的不同，可以形成多种网络模型。这些模型通过开放API与外部系统进行交互，从而简化了网络的可编程性，使得网络管理系统更加开放、灵活和可演进。

2.3.2.2　网络虚拟化

网络虚拟化是下一代网络的核心思想，它为用户提供了一个可自定义的虚拟网络环境。在这个环境中，用户可以按照自己的需求定义网络拓扑、路由规则和转发策略，从而实现了基础网络能力的全面开放。网络Hypervisor作为SDN架构中的关键组件，负责管理物理网络资源并完成虚拟化资源的映射。通过高效的虚实映射算法，网络Hypervisor能够确保全局虚拟网络需求与物理资源的最优匹配。

2.3.2.3　多维路由算法

传统IP网络中的路由选择主要依赖于最短路径算法，但这种方法往往忽略了链路的实际拥塞情况。为了解决这个问题，SDN引入了多维路由算法（MCRA）。该算法能够基于SDN控制器收集的全网信息，为每条业务流计算满足特定服务等级协议（SLA）要求的路径。这不仅优化了网络的带宽利用率，还确保了业务流的服务质量。

2.3.2.4 可编程转发平面

在SDN架构中，转发平面扮演着至关重要的角色。目前主流的转发平面主要由支持OpenFlow协议的交换机组成。这些交换机不仅保留了传统的控制和管理功能，还支持OpenFlow协议及其流表定义。特别是OpenFlow软件交换机，在虚拟机间通信和虚拟机与外部网络通信中发挥着重要作用。得益于开源技术的推动，许多软件交换机的性能已经达到了万兆以上网卡的线速转发水平。

2.3.2.5 控制器相关技术

在SDN架构中，控制器是核心组件之一。在多控制器架构下，网络被划分为多个区域，每个区域由一个或多个控制器进行管理。为了确保网络状态的一致性，控制器之间需要进行协调统一管理。层次化控制器架构则进一步将控制器按功能进行垂直划分，实现了网络的分布式管理和控制。为了满足扩展性、隐私性和网络故障隔离等需求，SDN的实际部署中通常会将大网络划分为多个自治域。每个域由一个或多个控制器控制，而控制器之间的交互则通过东西向接口实现，以构建全局的网络视图。

2.3.3 网络功能虚拟化技术

网络功能虚拟化（NFV）代表着一种革命性的网络构建理念，它巧妙地运用了虚拟化技术，将原本紧密结合在网络节点中的各项功能，进行细致的拆分，并转化为软件实现的形式。这一创新举措突破了硬件架构的束缚，为网络的灵活性和可扩展性注入了新的活力。

NFV的核心理念在于，通过虚拟化手段，对传统电信设备的各项功能及其所依赖的硬件进行解耦。这一过程中，电信功能节点被逐一软件化，从而能够运行在通用的硬件平台上。这种转变不仅优化了传统电信设备的结构，还实现了网络价值从专有硬件向“软件加通用硬件”模式的转变。这一转变推动了网络架构由原先的竖井式向更为灵活的节点式、软件化方向演进。

借助NFV技术，网络元素的部署、更新以及容量的调整变得前所未有的便捷和高效。这种灵活性不仅体现在能够快速响应业务需求的变化，还体现在能够按需调整网络资源，以满足不断变化的市场需求。

此外，NFV技术的引入还为整个网络系统带来了诸多益处。首先，它显著降低了系统的部署成本和管理维护的复杂性。其次，通过增强网络的弹性，使得网络能够更快速地适应和支持功能的变化与扩展。最后，NFV技术为新业务的快速上线提供了强有力的支持，从而帮助企业在竞争激烈的市场环境中保持领先地位。

总的来说，网络功能虚拟化（NFV）不仅代表了网络技术的一次重大进步，更预示着电信行业未来的发展方向。通过软件化、虚拟化的方式，NFV正逐步将网络架构推向一个更加灵活、高效、可扩展的新时代。

NFV应用主要有以下5个关键问题。

（1）服务编排。NFV编排是自动化部署和提供多个网络组件的过程，编排能够为特定服务创建部署蓝图。这些服务包括服务交付自动化、提供所需资源、物理和虚拟资源管理。编排能够将多个VNF与物理网络组件组合成服务链，向业务或用户提供服务。同时还提供VNF配置和链接，以及动态扩展和弹性服务。只有实现了服务编排，才可以打通专业壁垒，疏通业务需求—网络设计—网络能力部署的自动化流程，充分发挥NFV网络建设的优势。

（2）计算能力优化。NFV技术加快了网络柔性部署能力，但也增加了系统的基础消耗。为了提高部署在NFV平台之上的业务系统处理性能，需要采用相应的优化技术。现在，通用的优化技术包括CPU绑定、NUMA及巨页内存等。

（3）转发能力提升。为了实现NFV真正大规模落地部署，满足CT系统对性能更高的要求，CT网元大体可以分为控制类网元和转发类网元，控制类网元需要提供高可靠性保证，转发类网元需要提供高吞吐量线速转发。

（4）NFV解耦和标准化。NFV期望实现的统一基础设施、新业务快速部署、更加开放的生态系统等优势，都必须依靠解耦来实现。软硬两层解耦是最基本的目标，否则与传统的一体化专有设备没有本质区别。但是实际上按照ETSI定义的NFV框架和产业发展情况，目前NFV产业链可以划分为更多层次的阵营。

为了不被少数厂商绑定，需要进行跨厂商的编排管理，并进行解耦。成功解耦有两条评判标准：一是来自不同厂商的各个模块能够正常互操作，实现NFV网络的基本业务功能；二是功能软件在不同的硬件和平台上可以实现稳定一致的性能表现，符合NFV网络的性能要求。

（5）自动化故障诊断。传统网络设备由单一厂商提供，出现任何问题厂商都责无旁贷。NFV将网络分层解耦后引入了更多厂商，一旦发生故障，首先需要定位是哪一层出现了问题，否则极易出现不同厂商互相推卸责任的情况。软件问题比硬件问题更难定位，涉及多厂商软件配合，究竟由哪一方来修改，需要多方沟通与交流。

采用NFV后，电信运营商应增加自动化故障诊断及预警工具，提高网络故障定位、故障关联及故障分析能力，切实提高网络运维能力。

2.3.4 容器技术

2.3.4.1 容器技术架构

容器技术的整体架构从基础到上层可分为若干层次，每一层都承担着关键的功能。

（1）服务器层。这是整个架构的基石，通常指运行容器的环境。它可以是物理服务器，也可以是虚拟机。无论是哪种情况，这一层都为容器提供了一个稳定的运行平台。

（2）资源管理层。在这一层，系统对底层资源进行管理和抽象，包括操作系统资源、服务器资源、存储资源和网络资源。对于物理服务器，可能需要物理机管理系统；对于虚拟机，则需要虚拟化平台的支持。

（3）容器运行引擎层。这是容器技术的核心层，包含了诸如Docker、CRI-O、Hyper和rkt等容器系统。它们的主要功能是启动和管理容器镜像，以及运行容器中的应用程序。

（4）集群管理层。这一层负责协调和管理多个服务器上的容器运行，确保分布式应用的顺畅运行。与虚拟机集群管理系统不同的是，容器集群管理系统具有更高的灵活性，可以在物理服务器或虚拟机上运行。

（5）应用层。这一层涵盖了运行在容器上的所有应用程序及其相关的辅助系统，如监控系统、日志系统、安全系统、编排系统和镜像仓库等。

2.3.4.2　容器的关键技术

容器的实现依赖于一系列关键技术。

（1）镜像。容器的镜像包含了操作系统、应用程序及其依赖的所有必要文件，采用分层存储的方式以提高管理效率。这种分层结构使得镜像更加灵活和高效。

（2）运行时引擎。类似于虚拟化软件和虚拟机镜像的关系，容器执行引擎负责运行和管理容器。目前，OCI已经发布了容器执行引擎的技术规范，并认证了多种合规的执行引擎。

（3）容器编排。通过描述性语言如YAML或JSON来定义容器的编排方式，决定了容器服务之间如何进行交互。目前主流的编排工具有Docker Compose和Kubernetes Helm等。

（4）容器集群。将多台物理服务器抽象为一个逻辑上的调度实体，为容器化应用提供了一系列强大的功能，如资源调度、服务发现、弹性伸缩和负载均衡等。

（5）服务注册和发现。在服务自动化运维中，服务的注册和发现是至关重要的环节。这一机制允许服务在启动时向配置服务器注册信息，并使其他服务能够查询和发现这些信息。

（6）热迁移。热迁移能够完整地保存容器的运行状态，并在其他主机或平台上迅速恢复运行。这一技术在多个操作单元执行任务负载均衡以及数据中心集群的负载均衡中发挥着重要作用。

在云环境中，PaaS主要通过容器云实现，而容器云则依赖于容器基础技术。目前，Docker和Garden是两种常见的容器技术类型，其中Docker受到了百度、腾讯等众多企业和大型商业银行的青睐。为了实现企业级应用，除了容器技术本身外，还需要编排引擎来管理和调度容器集群。目前流行的编排引擎包括Kubernetes和Swarm等。“容器技术+编排引擎”构成了容器云的初步框架，但要实现企业级应用还需要集成更多企业级功能。

2.3.5 远程数据直接存取技术

远程直接存储器访问（RDMA）是远程数据直接存取技术之一，是从直接内存访问（Direct Memory Access，DMA）衍生出的一种技术，该技术的特点在于不需要CPU干预而直接访问远程主机内存，重点是解决网络传输中服务器端数据处理的时延。所谓直接是指可以像访问本地内存一样，绕过传统以太网复杂的TCP/IP。本质上，RDMA是一种硬件技术，它通过网络把数据直接传入计算机的存储区域，并将数据从一个系统快速传输到另外一台远程主机的存储器中。此传输过程只需要网卡参与，基本上不耗费CPU的处理功能，节省了大量的CPU资源，同时又消除了操作系统操作外部存储器的复制及内存空间切换的开销，减少了CPU周期的占用及内存控制器的耗费，从而明显提高传输性能，为保障上层应用的性能提供极好的基础。

2.3.5.1 RDMA技术产生的背景

传统网络大多使用TCP/IP协议栈处理网络数据，网络数据在传递过程中经过操作系统、中间件和驱动等。这种处理方式需要占用大量的系统资源及设备的内存总线带宽资源。因数据在应用内存、系统内存、处理器缓存和网络控制器缓存之间会进行多次复制和移动，所以会导致大量的CPU资源被占用。此外，在数据处理的生命周期中，多个阶段的处理速率严重不匹配，故而让网络时延更加严重。

RDMA技术最早出现在无限带宽（Infini Band，IB）网络中，IB网络主要用来承载HPC集群节点之间的互联。RDMA技术是一种可以直接访问其他通信节点内存，同时可以完全卸载CPU的网络处理压力的一种技术，具体来说就是RDMA将数据直接从一个系统快速移动到远程系统的存储器中，但是不会对操作系统造成任何影响。因此，我们可以把RDMA技术理解为利用特定的硬件和网络技术，让网卡直接与通信对等体的内存对话，从而实现大带宽、低时延及低资源消耗率的效果。

2.3.5.2　RDMA技术的优势

RDMA技术是一种先进的远端内存直接访问技术，它通过智能网卡与软件架构的优化，显著提升了网络数据交互的性能。该技术的核心优势在于通过网卡硬件集成了RDMA协议，有效分担了CPU的网络处理负担。同时，它还支持零复制技术和内核旁路技术，从而实现了高效率的数据传输。

RDMA能够实现数据的“零复制”传输，即网卡与应用内存可以直接进行数据交换，省去了数据在应用内存和内核之间不必要的复制环节，从而大幅减少了网络延迟。

RDMA采用了“内核旁路”技术，这意味着应用程序无需通过内核内存调用就能向网卡发送指令和数据。在处理网络业务流时，RDMA能够减少用户空间和内核空间之间的切换次数，降低了系统资源的消耗。

RDMA技术还能有效卸载CPU的压力。它允许应用程序直接访问远程设备的内存，且不会占用远程机器的CPU资源。这样，远程CPU的缓存就不会被访问的内存内容所填满，从而减轻了CPU的负担。

在RDMA技术中，数据是作为独立的消息进行处理的，而非连续的数据流。这种方式避免了应用程序将业务流分割成不同事务的需要，节省了用户空间的资源。

RDMA支持“多对多”的通信方式。它能够读取多个内存缓冲区并将它们整合成一个数据流写入到多个内存缓冲区中。在这个过程中，远程虚拟内存地址会包含在RDMA的控制消息中进行传输。远程应用只需在本地网卡中注册相应的内存缓冲区地址即可。这一过程中，远程节点的CPU除了进行连接建立和注册调用等初步处理外，并不参与后续的数据传输过程，从而大大降低了CPU的负载。

2.3.6 无服务器架构技术

2.3.6.1 无服务器架构技术的定义

无服务器架构，作为云原生的一种重要实践，意味着开发者无需担忧基础设施和资源的管理，这一切均由云服务提供商来操持。在这种架构下，应用运行在无状态的计算容器中，这些容器的启动是由应用事件触发的，并且其全生命周期的管理都由服务提供商负责。

随着容器技术的广泛采用，PaaS平台的吸引力日益增强。新一代的PaaS平台让开发者能更专注于计算和存储资源的分配使用。然而，为了更进一步地将业务逻辑与底层基础设施分离，无服务器架构应运而生。在此架构下，开发者仅需聚焦于应用逻辑的开发，而计算资源只有在事件触发时才会被调用，从而实现了真正的弹性扩展和按需付费。

无服务器并非字面意义上的“无服务器”，而是一种架构理念。它的核心在于将基础设施服务化，并通过API的方式提供给用户，实现按需调用、伸缩和付费。这种架构消减了对传统服务器组件的依赖，简化了开发和运维的复杂性，降低了运营成本，并加速了业务系统的交付。

在云计算的服务模式中，IaaS要求开发者管理操作系统以上的所有层级，PaaS则进一步抽象了操作系统、中间件和运行时环境，让开发者只需关注数据和应用。而在无服务器环境中，开发者仅需关注应用逻辑，其余所有层级均由云服务提供商管理。至于SaaS，则提供了全方位的服务，开发者无需关心任何技术细节。

当前，无服务器架构主要包含两大方面：一是函数服务平台，提供基于事件的计算资源；二是后端云服务，提供一系列托管服务。

函数即服务（FaaS）是一种新型的计算服务，它以事件驱动的方式运行函数代码，无需管理服务器等基础设施。函数在短暂、无状态的容器中执行，并由第三方全权管理。这种服务模式不仅使开发过程更加敏捷，还实现了资源的高效利用，因为函数仅在需要时运行，并根据实际使用的资源进行计费。

后端即服务（BaaS）则涵盖了应用可能依赖的所有第三方服务，如数据库、身份验证和存储等。通过API和SDK，开发者可以轻松地集成所需的后端功能，而无需构建或管理复杂的基础设施。这大大降低了开发的复杂性和学习成本。

BaaS通常由云服务提供商提供，用户无需关心底层资源的运维。常见的BaaS服务包括数据库管理、云存储、身份验证、通知推送等。

2.3.6.2　无服务器架构的适用场景

在当前阶段，无服务器架构在多个场景中展现出其独特的适用性。

对于应用后端服务来说，无服务器架构通过结合云函数和其他云服务，使得开发者能够轻松地构建出具有高度弹性的移动或Web应用。这些应用不仅功能丰富，而且能够在多个数据中心实现高可用运行，免除了开发者在可扩展性和备份冗余方面的管理负担。

在移动应用后端服务领域，无服务器架构也备受青睐。它让开发人员能够依托于云平台，构建出强大的移动应用后端。这使得开发人员可以将更多精力投入到移动应用的优化上，同时灵活选择云服务商提供的多样化后端服务，如微信小程序的开发等。

对于物联网后端服务而言，无服务器架构同样具有显著优势。在物联网应用中，设备传输的数据量通常较小，且数据传输呈现出明显的波峰波谷特征。在数据传输的高峰时段，后端函数服务能够被集中触发处理，而在处理结束后又能迅速释放资源，从而大幅提升了资源的利用效率。

在处理大规模数据和计算任务方面，无服务器架构同样表现出色。例如，在人工智能推理预测领域，由于业务需求的波动性，使用无服务器架构技术能够有效应对这种变化。在高业务请求到来时，云函数的执行实例能够自动扩容以满足需求；而在请求低谷或无请求时，云函数则能自动缩容甚至完全停止，从而节省资源使用。此外，对于需要强大并行计算能力的批处理或计划任务来说，无服务器架构也提供了极佳的解决方案。这类任务可以以弹性的方式运行，并在不被使用的时段内不产生任何资源成本，如定期的数据备份等任务就非常适合这种架构。

2.4 算力封装与算力交易平台

2.4.1 算力封装技术

2.4.1.1 算力封装的分类

算力是数据处理并输出结果的能力，简单的异或电路就是一个基本算力单元。单个CPU是通过简单指令集组织起来的、能实现更大规模数据处理的算力单元，多核CPU是能够无冲突地处理多个并发任务的算力单元。云计算上线后，vCPU、vGPU也是算力单元的不同体现。为了满足多个业务场景需求，也有云服务商把算力封装为不同的形式。

算力封装按照目的可以分为两类：一类是为了提高算力单元的能力（例如，通用计算能力、高性能AI计算能力或综合处理能力）而采用多核封装、DCA封装等；另一类是为了权益记账或交易便利，直接按物理核心数来进行封装，例如，大部分超算中心的算力按照CPU或GPU核数及时长来计费。

按照封装的实现方式，算力封装可以分为硬件封装和软件封装。硬件封装通过组合CPU、GPU的方式提供各种型号的硬件计算产品。例如，国内芯片公司澜起科技在Intel的至强CPU中封装了安全预检测与动态安全检测功能，封装后的CPU被称为津逮CPU，利用这种CPU的服务器可以提供不同级别的硬件安全防护。这种封装后形成固定形态的硬件产品的算力封装被称为硬件封装。现有的同构CPU封装、异构CPU+DSA封装及超异构封装都属于硬件封装。软件算力封装更多地面向不同的应用，在云算力的基础上对算力进行软件定制，如语音识别、语义分析、图像检测、图像识别等。软件算力封装成相应的API、SDK等开放能力，可以快速地满足不同行业的各种应用。

2.4.1.2 基于软硬结合的超异构计算

算力成为整个数字信息社会发展的关键。"东数西算"工程虽然是为了缓解东部算力资源紧张的问题，但是西部的算力也需要高质量的升级，不能靠"摊大饼"的方式构建规模更加庞大且低能耗的现代化数据中心。简单的数据中心建设只是扩大了算力规模，单节点的算力并没有本质上的提高。

当前，算力成为制约信息技术发展的核心问题。

（1）CPU灵活性好，但效率低，并且已经遭遇性能瓶颈。

（2）GPU具有一定的灵活性，但其效率与领域专用架构DSA相比仍有差距。

（3）DSA在性能极致的情况下，提供了一些灵活性，但其面对的领域多种多样且变化快，一直没能实现大规模落地。

多核CPU、多核GPU都属于同构芯片封装，但由于单核CPU的性能已经到达瓶颈，并且单颗芯片所能容纳的CPU核数也逐渐饱和，CPU同构并行已经没有多少性能挖潜的空间。一般情况下，GPU、FPGA及DSA加速器只能作为CPU的协处理器，并不具备图灵完备性。因此，这些加速器都需要CPU的控制，CPU+xPU成为典型架构。

随着芯片工艺所能支撑的设计规模越来越大，并且CPU、GPU、FPGA和一些特定的算法引擎都可以作为IP被集成到更大的系统中，由此，构建一个更大规模的芯片设计成为可能。我们提出超异构并行计算的概念，超异构是指由CPU、GPU、FPGA、DSA、ASIC及其他各种形态的处理器引擎共同组成的复杂芯片系统。

由于云计算的发展，数据中心已经发展到超大规模，每个超大规模数据中心拥有数以万计的服务器。超大规模数据中心的发展，是云计算逐渐走向软硬件融合的根本驱动力量。

我们可以把云服务器上运行的各类软件看作一个非常复杂且分层的系统，由于CPU已经遭遇性能瓶颈，在宏观的数据中心规模不断提升的背景下，IaaS层针对特定场景进行了某些服务的持续优化。软硬件融合的过程其实就是系统不断卸载和重新封装的过程。

软硬件融合不改变系统层次结构和组件交互关系，但打破了软硬件的界限，通过系统级的协同设计，达成整体最优。

传统分层很清晰，下层是硬件，上层是软件；在软硬件融合的分层分块中，一个任务模块可以是软件，也可以是硬件，还可以软硬件协同，软件中有硬件，硬件中有软件。

从宏观来看，层次越靠上越灵活，软件成分越多；层次越靠下越固定，硬件成分越多。庞大的规模及特定的场景服务，使云计算底层负载逐渐稳定并且逐步卸载到硬件。软硬件融合架构使硬件更加灵活，其功能也更加强大，使更多的层次功能向硬件加速转移。

基于软硬件融合架构（CASH）的DPU，是一个性能强劲的、功能完整的、超异构计算的算力平台。这个平台包含硬件加速部分以完成底层基础设施层的加速处理，也包含CPU和GPU以完成应用层的处理。我们可以将独立的CPU和GPU看作DPU的扩展，当集成的CPU/GPU不满足处理要求时，独立的CPU和GPU作为独立的计算平台可增强整个系统的功能。

软硬件融合技术是为了应对算力需求最高、系统规模最大、成本最敏感、灵活性要求最高的云计算数据中心场景的各种复杂挑战，而逐渐形成的技术理念和一整套技术体系。基于软硬件融合的超异构混合计算聚焦算力的强劲需求，面向未来的自动驾驶、5G/6G核心网、边缘计算等场景。面对如此多的复杂系统场景，软硬件融合有了更多的用武之地。

2.4.1.3 哈希算力封装

哈希是一种加密算法。哈希函数也被称为散列函数或杂凑函数。哈希函数是一个公开函数，可以将任意长度的消息M映射为一个长度较短且固定的值H（M）。H（M）被称为哈希值、散列值、杂凑值或者消息摘要。它是一种单向密码体制，即一个从明文到密文的不可逆映射，只有加密过程，没有解密过程。

2.4.1.4 云原生服务封装

原子能力是通过内部能力封装、外部能力引入等形成的可独立提供和组合封装的最小化能力，具有可被集成的标准化、可复用、可定价、可扩展、可授权及广泛的共性需求等特性，已被集成为主要服务形态，是支撑各类应用、业务的公共要素和环节。例如，AI计算中的身份人脸识别就是一个原子能力，原子能力封装一般可采用云原生技术。当前主流的云原生技术采用Kubernetes架构，其他的云原生架构与Kubernetes基本类似，因此下面将详细介绍kubernetes云原生技术。

（1）Kubemetes架构

Kubernetes是一个自动化的容器编排平台，它负责应用的部署、应用的弹性及应用的管理，这些都是基于容器的。Kubernetes集群由Master和Node两种类型的资源组成，Master负责协调集群，Node负责运行应用程序。

Kubemetes具有以下核心功能。

①服务的发现与负载的均衡。

②容器的自动装箱。把一个容器放到一个集群的某一个机器上，Kubernetes会帮助我们做存储的编排，让存储的生命周期与容器的生命周期有一个连接。

③Kubernetes会帮助我们做自动化容器的恢复。一个集群中经常会出现宿主机的问题或OS的问题，导致容器本身不可用，Kubernetes会自动地恢复这些不可用的容器。

④Kubemetes会帮助我们去做应用的自动发布与应用的回滚，以及与应用相关的配置密文的管理。

⑤对于Job类型任务，Kubernetes可以做批量地执行。

⑥为了让这个集群与应用更富有弹性，Kubemetes也支持水平的伸缩。

（2）Pod和Node

Pod是Kubernetes抽象，表示一组的一个或多个应用程序容器及这些容器的一些共享资源，Pod是Kubemetes的原子级单元。Pod总是在一个Node上运行，Node是Kubernetes中的工作机，可以是虚拟机，也可以是物理机，具体取决于集群。每个节点都由主节点管理。一个节点可以有多个Pod，Kubernetes主节点会自动处理跨集群中节点的Pod调度。

（3）服务能力封装

Kubernetes中的服务是一个抽象概念，它定义了一组逻辑Pod和访问它们的策略。服务的特点如下。

ClusterIP（默认）：在集群中的内部IP上公开服务，这种类型使服务只能从集群内访问。

NodePort：使用网络地址转换（Network Address Translation，NAT）在集群中每个选定节点的同一端口上公开服务，使用<Node IP>从集群外部访问服务。

LoadBalancer：在当前云中创建外部负载平衡器，并为服务分配固定的外部IP。

ExternalName：使用任意名称公开服务。

（4）服务能力扩展及升级

Kubernetes的每个服务能力都封装成一个不变基的算力集，这就为弹性扩缩容提供了便利。扩容部署将确保创建新的Pod，并将其安排给具有可用资源的节点。缩容将使Pod的数量减少到新的所需状态。滚动升级使用新实例增量更新Pod实例，使部署的升级能够在零停机时间内进行。滚动升级执行步骤如下。

①将应用程序从一个环境升级到另一个环境（通过容器映像更新）。

②回滚到以前的版本。

以上过程中，应用程序始终保持持续集成和持续交付，确保应用能力提供的零停机时间。

2.4.2 算网交易平台

数字经济的飞速发展，使处理、分析海量数据的算力成为关键资源。当前，我国以数据中心为代表的算力基础设施建设尚无法完全满足智能化业务对于服务高实时性、多场景适配和资源高效利用的要求，需要通过研究网络架构创新来解决局部算力过剩和全局算力不足等问题，并实现以算联网、以网促算。以算网一体为核心，构建弹性、开放、高效、协同的算力基础设施，促进计算产业和网络产业的融合发展与能力互补。算力资源提供者有空闲的算力，而有些算力需求方没有足够的算力，于是双方就会对算力这一资源进行交易，这是一种算力交易的构想。虽然目前看来，基于区块链技术的比特币是算力交易应用最广泛的领域，但这种算力交易只是一种算力共享之后的权益记账，并没有算力资源的使用权、拥有权的交换，不是算力资源的本质交易。本书讨论的主要是能产生算力资源使用权、拥有权变化的算力交易。

数据处理用的是算力，但是数据从存储点转移到数据处理的节点则需要网络，算力网络和电力网络一样是沟通资源与用户的基础平台。算力网络中的算力交易是算网一体交易，即算力必须通过调配的网络资源沟通交易双方，才能完成交易，因此本书中的算力交易等同于算网交易。

2.4.2.1　算网资源交易流程

算网资源交易辅助算网资源提供商与用户完成交易合同，然后由云网资源控制平台实现云应用的算力环境。它需要各部门所需资源的计量和分类应用程序来完成用户的工作。从算网供应商的角度出发，他们不希望用户的每个需求动态变化，也不希望以应用目标作为交易的需求。从算力网络用户的角度来看，他们的需求应在合理的时间内得到满足，并付出最小的代价。

算网交易流程如下：

①用户根据自己的数据算网资源需求向交易系统提出算力资源申请，算力资源至少包括处理能力需求、时效要求及时间要求。

②算网交易平台根据用户的注册情况对用户进行鉴权。

③算网交易平台根据算网资源使用现状核算可用资源，如果资源可以满足需求则进入下一步。

④用户根据交易系统推出的算网资源清单，选择需要的算力类型、数量等。

⑤交易平台根据用户的选择，对云网资源进行预分配，把预分配结果及时通知给资源核查环节。

⑥交易双方按照订单，通过合适的交易工具确定交易价格，形成交易合同。

⑦使用算网资源后，反馈订单执行情况给交易系统，进行交易核算。

2.4.2.2 算网市场交易模型

计算资源市场借鉴人类经济社会的市场模型来调节供求关系和资源价格，从而提供资源共享解决方案。市场中的交易管理层采用经济学和微观经济学的管理方法，负责管理控制市场活动，包括用户管理、交易管理、资金管理、信誉度管理、价格管理和安全管理等，以经济规律调节市场供求，以市场机制约束交易行为。用户管理负责对交易双方进行身份登记、用户等级权限检查、用户请求管理；交易管理提供多种交易模型以供用户选择；资金管理包括用户账户、计费管理并监管交易双方资金流向，辅助约束交易行为，作好信誉度管理记录、更新用户信誉值；价格管理根据市场供需变化对商品价格进行调整，提供市场指导价；安全管理用来保障计算资源市场的整体安全，包括身份认证、访问授权和安全审计等。

为了实现分布式资源管理方案，可以采用资源导向和价格导向两种微观经济学方案。资源导向是卖方为自己拥有的资源计算边界值，出价高于平均边界值的用户被分配更多的资源，低于平均边界值的用户将被分配更少的资源；价格导向是指定任意的初始价格分配资源，然后根据资源的需求量自发调整价格，直到达到供需平衡。可见前者是卖方固定价格，后者是根据供需动态调整价格。

已经提出并运行的交易模型有多种，如商品市场模型、标价模型、议价模型、招投标／合同网模型、拍卖模型、基于投标的按比例资源共享模型、垄断与寡头市场模型等。

（1）商品市场模型

资源所有者指定资源的单位价格并根据用户对资源的使用量收费。根据资源的供需关系对价格影响程度的不同，模型具体可以分为稳定价格模型和供需驱动价格模型两种。在稳定价格模型中，交易价格一旦在某一时间段内被确定下来，将保持稳定，且与服务质量无关，并不随市场需求的变化而产生明显的调整；在供需驱动价格模型中，卖方主动根据供需变化调整定价，当需求增加或供应减少时提高价格，反之降低价格，直到达到新的供需均衡点。

（2）标价模型

标价模型与商品市场模型类似，由资源所有者定价，但强调标出其特色服务功能或者价格优惠的资源使用条件，从而吸引新用户，占领新品市场份额，激励用户在价格优惠的时段使用计算资源。

（3）议价模型

用户可以通过向资源供应者提出更低的交易价格或者要求更多的资源使用时间等方式来实现价格协商。交易双方各有目标函数，通过协商的方式满足目标。议价模型适用于计算资源市场中供需关系及交易价格不明确的场景，缺点是议价过程耗时较多。

（4）招投标／合同网模型

招投标／合同网模型是商业贸易中用来控制商品或服务交换的契约机制。其优点是参与投标的资源供应商有多个有助于发现满足任务要求的合适的资源供应者。其缺点是一旦用户选定了某个供应商，就不再继续查询其他供应商，且资源供应商可能会因为某些原因没有收到招标文件而错失投标机会。

（5）拍卖模型

拍卖模型是市场价格机制的重要补充，具有其他交易形式不可替代的功能，除了揭示信息、发现价格，还具有减少代理成本、稳定市场价格、加速商品流转等功能。因此，拍卖理论在股票、证券、电子商务等环境中得到了广泛的关注和应用，在计算资源管理中也具有巨大的发展潜力。

（6）基于投标的按比例资源共享模型

基于投标的按比例资源共享模型按照各用户对资源出价的不同，分配不同比例的资源数量。用户的出价越高，分配的资源越多；用户的出价越低，分配的资源越少，但也不会完全剥夺其使用资源的权力。该模型适用于资源共享性很强的场景。

（7）垄断与寡头市场模型

资源所有者或服务提供者是唯一的或只有少数几个（根据经济学理论，称只存在唯一卖方的市场为垄断市场，存在少数几个卖方的市场为寡头市场），买方不能影响资源的交易价格，只能接受由卖方规定的市场价格。

2.4.2.3 算网交易平台架构

（1）网格计算交易架构

①网格经济学架构。网格经济学架构（GRACE）是一个采用了经济学模型的分布式、可计算的经济学体系架构，用于在网格环境中进行资源交易。

在GRACE中，资源的提供者被视为网格资源供应者（Grid Resource Provider，GRP），应用请求者（资源的用户）被视为网格资源消费者（Grid Resource Consumer，GRC），二者构成了经济网格模型的两个重要元素。GRP为了吸引GPC，提供具有竞争性的服务入口，力求使自己拥有的资源被最大限度地使用。GRC提出资源的应用请求，描述其服务要求，如服务最晚完成时间等。

GRACE定义了一个网格资源代理层。网格资源代理层用网格中间件服务连接网格资源和用户，实现资源发现、资源调度和资源选择等功能。网格资源代理层包括任务控制代理、调度代理、网格浏览器、交易管理和配置代理五大模块。

网格中间件负责处理用户任务请求和资源供给服务之间的分配工作，如远程管理、资源协同分配、存储控制、信息目录、安全控制、权限管理、服务质量控制等。网格中间件层负责提供认证、QoS保障等基本服务。这些功能可以直接使用现有的Globus或其他网格系统的相关中间件。

交易管理器在GRACE中处于核心地位，负责提供资源管理和交易服务。资源管理负责动态监测资源，并向网格市场目录服务器和网格信息服务器发送资源信息等；交易服务负责与资源用户进行协商，定义价格经济模型，管理记账系统，记录资源的交易使用情况并向用户收费等。

GRACE还存在一些问题亟待解决，如交易约束不严、不能立即对违约行为进行处罚、因对方违约而遭受损失的一方不能得到补偿等。很多学者利用信誉管理对此类问题进行了改进，但是，信誉评估是在交易结束后进行的，其结果只能反映过去的交易情况并影响未来的交易，不能确保目前的交易成功，导致信誉管理滞后。

②GridEcon的增值交易架构。

GridEcon项目以用户为核心，设计的市场环境包括3层，分别为市场层、服务提供者层和经济感知的增值服务层，各层均根据面向服务的体系结构（Service-Oriented Architecture，SOA）原则设计，为用户提供一套方便、安全、低风险的市场服务。

市场层围绕主要的交易特性，实现拍卖、洽谈或固定价格的市场机制，并由市场提供者提供以下核心服务。

· 计算资源的监管服务。为了保证商品质量（卖方声明的资源品质），市场不仅在资源注册时进行测试，在系统运行的过程中，也要随机检查供应者已卖出的资源使用情况，用以决定是否允许供应者继续在市场中出售资源。

· 资源冗余服务。市场提供资源冗余的目的是即使一个资源供应者违背了承诺，也能保证服务的可靠性；市场提供备用资源的目的是当一个需求没有匹配到合适的供应资源时，借此提高市场流动的可能性。

· 安全服务。市场必须提供一个安全的环境，市场参与者与市场之间的通信都要加密，市场必须保证交易的机器之间没有病毒传播，并建立一个保护机制，防止用户使用超出购买权限的资源。

· 简单化服务。市场必须使计算资源的存取透明化，并且简化用户的操作，使用户在直观界面下以简单的交易操作方式将购买到的资源集成到消费者已有的IT结构中。

·匿名服务。市场必须保证交易双方匿名，目的是隐藏交易双方的身份，避免交易双方绕开市场直接交易，从而保证市场具有更强的竞争性。

· 计算资源标准化服务。市场必须能够管理供应者不同类型的硬件，因此市场需要将资源虚拟化成具有特定性能特征且标准化的虚拟机。

在GridEcon中，经济市场感知的增值服务层包含5种，分别为容量规划服务、工作流经纪服务、风险经纪服务、投资经纪服务和保险经纪服务。其中，容量规划服务帮助用户优化他们的需求以找到符合应用的资源。容量规划预测的准确性建立在输入参数的基础上，如当前负载、过去负载、当前需求、计算资源价格和已有的计算能力等。工作流经纪服务、风险经纪服务、投资经纪服务、保险经纪服务帮助用户决定哪些资源是自己需要的、如何将应用定位到资源上。保险经纪服务的目的是为消费者提供保险服务以防止资源失效。

GddEcon强调通过市场增值服务帮助用户购买、使用网格资源，但是这些市场增值服务未涉及辅助用户报价、规范资源合理报价的服务。

（2）算网交易平台的功能架构

按照模块化设计原则，算网交易平台具有算网资源提供者门户、算网资源需求者门户、运营管理门户、算网资源管理、订单管理、合同管理、交易工具、交易算法、交易监控与管理、算力交易市场、安全管理等功能。

算网资源提供者门户、算网资源需求者门户、运营管理门户面向不同的使用者，为用户提供个性化的功能包，包括登录界面、算网资源展示、统计分析、权限内的运营维护等。

安全管理模块按照安全等保要求为整个算网交易平台提供安全能力服务，包括对用户分权分域管理、鉴权认证、密钥管理、数据加密等功能。

算网资源是算网交易的产品，也是算力网络提供的核心要素，无论是大型云网资源提供商（例如中国电信、中国移动、中国联通等）提供的整体算力网络，还是个人计算机，只要是加入算力网络的算力资源、网络资源，都会被统一管理，包括资源注册、资源上线、资源下线等。每个交易参与者也可以通过开放的功能接口，在权限范围内管理自己的算网资源。

订单管理、合同管理也是交易平台的必备功能。订单管理功能可对用户下达的各种订单进行管理、查询、修改、打印等。订单管理功能和资源管理功能进行交互，可以对可用的算网资源进行统计。合同管理功能可全过程管理合同。

交易工具可为算网交易提供交易工具包，可以是面向资源集中控制的交易工具，也可以是基于区块链的多中心交易工具。交易中可以由消费者竞价，也可以由提供方竞价。交易工具模块独立后可随技术演进而升级。

交易算法模块可用来管理用于交易的算法集合，如多方博弈算法、权重优先级算法等。

交易与管理监控及管理算网交易的全过程，包括流程监控、交易状态监控及平台资源监控等。

算网交易市场集合交易多方参与平台，资源提供者可以在市场发布资源、拍卖资源，买方可以在市场发布需求、采购报价等。算网交易平台也可以利用AI算法在算网交易市场进行交易撮合。

算力网络调度系统不属于算网交易平台，算网交易平台的订单在合同确认后要推送给算网调度平台，由调度平台分配合适的资源给用户。同时，算网调度平台应及时对交易系统反馈调度结果，更新算网资源的状态信息。

2.5　算力网络化安全关键技术

2.5.1　安全风险分析

“东数西算”工程构建了新型算力网络体系，将东部密集的算力引至西部进行计算，打通了“数”动脉，编织了一张算力网。这一工程有助于改善数字基础设施不平衡的布局，最大限度地发挥数据要素的价值。但是，在工程建设中，大型算力中心、算力网络、数据要素交易市场等面临以下安全风险。

（1）全球地缘政治格局正在缓慢发生变化，对我国的高级威胁持续不断。大规模数据汇聚和流转算力枢纽可能成为重点攻击目标，必须在架构层面考虑如何应对极端情况下的网络威胁，通过强化网络的高业务连续性和抗打击能力以及数据容灾能力，实现“东数西算”工程底层云网关键基础设施的安全。

（2）我国已踏入数字经济时代，数据量剧增导致数据泄露事件频发。在数字经济时代，数据规模增长迅速，海量数据在枢纽间频繁传输，也给不法分子提供了更多窃取、篡改数据的路径。这不仅扩大了攻击面，还会导致数据泄露事件激增，增加了防护难度。

（3）覆盖全局的统一安全运营和管理成为难点。不同于一个企业所面对的安全风险，“东数西算”工程面对的是全局性的网络安全风险威胁，如何统筹全网力量应对各类风险，如何解决枢纽与枢纽之间、枢纽内部数据中心与数据中心之间的统一安全运营问题，成为关键问题。

（4）大规模的数据流通、共享对监管提出更高的要求。推动海量数据作为生产要素的共享和流动，但这将面临一系列的安全风险，要想安全合规地对数据进行收集、加工、利用、传输，不仅要在安全技术上有所突破，还要不断地在监管层面进行政策制度的优化。

2.5.2 安全需求分析

2.5.2.1 完善的高可用安全架构

大规模数据的汇聚和传输使“东数西算”枢纽成为网络攻击的高价值目标。安全的云网基础设施是“东数西算”工程的安全底座，高可用安全架构是应对极端情况下网络威胁的基础，必须在网络架构层面考虑高业务连续性、抗打击能力和数据容灾能力。

（1）云网络架构安全

网络的架构和部署从底层开始就要考虑如何应对未知的威胁。

①弹性网络。确保基础网络的通道足够冗余，具备弹性。

②可信计算。确保基础网络的设备可信任。

③自免疫。确保基础网络自身具备“免疫力”。

④零信任。确保基础网络的边缘接入安全可控。

（2）强大的数据容灾能力

面对不同类型、不同级别数据的泄露风险及加密程度带来的安全评估与挑战，需要数据中心和云平台设施具备强大的容灾能力。

①数据存储规划。数据存储要合理分布和多备份。

②数据中心异地容灾。电子政务、医疗等关乎国计民生的核心数据要考虑国家层面的数据容灾体系。

2.5.2.2　可靠的数据安全防护措施

数据规模化增长、内外网数据交互流通、海量数据集中汇聚分析等给不法分子提供了更多窃取、篡改数据的路径，扩大了攻击面。近年来，数据泄露事件激增，海量数据的汇聚和流转给数据风险识别、数据脱敏、数据安全合规、数据加密及相关检测技术带来新挑战。因此，必须具备全方位、全领域、全链路的数据安全态势感知和风险处置能力。

2.5.2.3　统一的安全运营和管理体系

独立的数据中心和云平台在面对安全风险时的应对手段是分散的。但是，具备战略意义的“东数西算”工程算力枢纽必然面对全局性的网络安全威胁，必须具备全局统筹的能力，即可以调用全网安全防护力量来应对风险，并建立全网联动的一体化安全运营体系，运用适当的安全技术和管理手段整合人、技术、流程，持续降低网络安全风险。

（1）安全威胁的全局感知

①通过威胁情报、红蓝对抗、态势感知等技术手段发现未知威胁的能力。

②一体化的持续风险监测、防御、响应能力。

（2）安全事件的全局处置

①主动管理、检测、调整及优化安全防御策略的能力。

②一点发现、全网联动的自动化响应处置机制。

③与国家互联网信息办公室、国家安全部等的联动机制。

2.5.2.4　健全的数据要素市场安全监管机制

“东数西算”工程的建设对于形成全国范围的数据要素市场将起到促进作用，会推动数据作为生产要素共享和流动，但数据安全面临的一系列风险会制约数据作为新型生产要素发挥作用，其中，相关法律法规的操作性不强，针对监管的安全技术手段也不足。

（1）完善数据安全共享监管相关的法律法规

现实中，数据应用的链条比较长，涉及数据提供方、数据服务方、数据应用方。数据服务链条中若前面都是合规的，只是最后一环出现问题，则前面所有的环节都需要承担责任。

按照现有规定，数据提供者需要对后续的数据服务承担审查职责，但数据提供者往往没有足够的能力去审查整个链条，导致数据提供者承担的风险责任和获得的商业收益严重不对等。因此，需完善数据安全共享监管相关的法律法规。

（2）通过技术手段对数据进行安全的共享与监管

大数据要想作为生产要素服务社会，必须能流动和共享，但现实中缺少足够的数据安全共享手段。当前，主要的做法是将数据使用边界和数据责任边界简单归一，即数据不出平台。这种模式可以让数据作为生产要素有限地服务自身，但无法服务更多的社会对象。

2.5.3 安全防护建设思路

2.5.3.1 总体思路

“东数西算”工程作为关键基础设施，应践行新型信息基础设施安全保护责任，通过使用云计算、大数据、AI等技术，建成“统一管理、能力聚合、数据共享、全网联动”的贯穿基础网络、数据中心、云平台、数据、应用等的一体协同安全保障体系、安全防御体系。

2.5.3.2 网络安全：形成纵深安全防护能力

（1）多层防护

构建多层网络防护体系，多级联动，一体化协同骨干网、数据中心内的安全防护能力。

①电信运营商骨干网网络防护。借助电信运营商覆盖全国的分布式拒绝服务（Distributed Denial of Service，DDoS）防护能力、移动恶意检测能力、僵木蠕恶意检测能力，进行国内、国际流量实时监控、动态检测。同时，通过利用大网溯源能力，精确定位攻击源，为反制攻击提供有力支撑。

②数据中心间的网络防护。在集群间部署防入侵、防攻击、防病毒等网络安全防护能力，与算力网络有效协同联动。

③数据中心内部的网络防护。各数据中心负责内部的网络安全，主要负责东西向流量监测、内部租户间的攻击防御。对于南北向流量，可通过集群安全能力对其进行保护。

（2）集约部署安全能力池，提供统一防护能力

建议在每个枢纽内统一建设安全能力池，为枢纽内的各数据中心提供SaaS的安全原子能力，包括但不限于DDoS防护、下一代防火墙、Web应用防火墙、入侵检测、网络安全审计等，并由全国统一的安全能力管理平台对安全原子能力进行统一运维、服务编排。这样既可减少独立建设成本，也可提高资源利用率，能够更好地与全国骨干网的网络安全形成有效联动。

2.5.3.3　云安全：构建全栈安全防护能力

云资源承担着算力的重要基础设施，以安全合规为基础，构建覆盖基础设施安全、租户安全、安全运营、安全管理的全栈防护体系，提供优质的安全保障和服务。

（1）云平台边界网络。通过在集群部署安全能力池为云资源提供南北向的网络防护。

（2）云平台原生安全。由云服务商提供基础安全能力，保证云服务能力自主安全可控。

（3）租户安全。租户安全由云服务商提供，也可通过建设云内安全能力池提供安全能力及服务。

（4）安全运营和管理。通过统一的安全中台，对各类安全能力进行统一纳管和调度，做到联动分析、响应和处置。

2.5.3.4 数据安全：建立全生命周期监测防护体系

为了确保“东数西算”工程中海量数据传输流转的安全可控，需构建全链路的数据流动风险监测体系，即建立覆盖全领域、全流程、全链路的数据安全风险监测体系，重点监测跨领域（数据中心之间）数据的流动和使用，提升敏感数据的合规水平，实现对流动数据风险的持续治理。

算网数据安全架构可在各数据中心部署前置采集节点以收集安全数据，引入大数据和人工智能技术，强化基于流量分析的风险检测能力，提升重点数据的暴露面识别、数据流向和行为审计、安全事件溯源等能力，并与统一安全运营管理平台做好结合。

（1）在数据中心内部建立严密的数据保护体系

基于企业安全能力框架，建设数据“识别—防御—检测—响应—恢复”的全安全周期闭环防护。打造统一平台，使能力集约化，实现数据的可知、可防、可测、可控、可靠。

（2）在数据中心之间建设数据流转和共享的监测体系

全域全链路的数据流动风险监测体系：大数据流动风险监测，大数据血缘追踪。

跨域数据安全共享的运营体系：多方数据安全融通的隐私计算平台，包括多方安全计算、联邦学习、区块链安全等技术。

涉及数据流动监测的关键能力如下。

①数据暴露面识别。脆弱性分析、数据流风险。

②数据流向和行为审计。异常行为识别、数据血缘。

③敏感数据合规。敏感数据识别、标识、分类分级。

④数据风险事件溯源。流量特征、账号行为轨迹、泄露数据回溯。

2.5.4 安全关键技术与手段

2.5.4.1 安全中台：统一管理、能力聚合、数据共享、全网联动

建设安全中台，整合资源、聚合能力，避免安全能力“烟囱化”、碎片化，可实现安全数据集中化、安全分析智能化、安全运行编排化、安全服务能力化。安全中台的具体特点如下。

（1）数据融通。

基于数据湖思想，打破“数据孤岛”，建设安全数据中心，实现全网安全数据的统一采集、统一分析和统一治理。

（2）能力聚合。

建设安全能力中心，对全网各集群池化、非池化安全能力进行统一管理、编排和调度。

（3）构建一体化安全。

整合资源、沉淀共性能力，形成为“前台”提供资源和能力的共享中台，快速为内外进行安全赋能。

2.5.4.2 态势感知：实现安全能力的智能化、自动化

基于“AI+大数据+威胁情报”技术，构建实战化的全网统一的态势感知平台，形成威胁智能检测能力、安全事件快速定位能力、全域态势感知能力。

（1）资产统一纳管

以资产为核心，统一纳管八大枢纽的资产数据，形成资产暴露面识别、失陷资产检测、资产风险画像等风险感知能力。

（2）威胁精确研判

对全网安全数据进行多维度、多层次数据的关联分析，快速发现隐藏在云、网、边、端的安全风险。

（3）一体化态势感知能力

全域资产态势、威胁态势、综合态势等全方位、多视角、立体化的统一呈现，及时形成安全告警，通过安全中台，形成安全一点触发、全网响应的高效联动能力。

2.5.4.3 隐私保护计算：建立隐私计算平台，确保数据安全共享

当前，数据应用与隐私保护的矛盾日益突出，隐私计算是面向隐私信息全生命周期保护的计算理论和方法，是隐私信息的所有权、管理权和使用权分离时隐私度量、隐私泄露代价、隐私保护与隐私分析复杂性的可计算模型与公理化系统。隐私计算是实现数据价值挖掘的技术体系，通过数据价值的流通，促进企业数据的合法合规应用。隐私计算主要使用以下3类技术。

①以多方安全计算为代表的基于密码学的隐私计算技术。

②以联邦学习为代表的分布式机器学习与密码学等学科融合的隐私计算技术。

③以可信执行环境为代表的基于可信硬件的隐私计算技术。

针对数据安全信任、数据跨域流通、数据隐私保护等痛点，依据“数据可用不可见、可控可计量”的原则，构建安全隐私的多方数据安全融合平台，搭建跨域数据安全共享的联合建模运营体系，打破“数据孤岛”、数据垄断的局面，促进区域平衡发展，促进全国统一数据要素市场的形成。

除了利用以上多种技术，还可通过以下手段进一步打通数据安全，提高防护等级。

①安全建模。与安全数据中心AI技术融合，联合多个数据实体来扩充样本数量或丰富特征维度，将敏感信息通过秘密碎片、加密等形式进行传递，保证参与方在整个计算过程中难以得到计算结果之外的信息。

②联合统计分析。安全多方计算技术及机密计算技术能够支持隐私保护的结构化查询语言（Structured Query Language，SQL）数据库查询，能够支持自定义SQL运算，同时最大限度地保护数据库和SQL语句的安全。

③区块链。在“东数西算”工程实施的基础上，利用算力、网络、安全等基础资源，进行“区块链+隐私计算”平台能力建设，引入安全多方计

算、联邦学习、可信执行环境和区块链技术，实现多方安全联合建模，以及运营模式的探索。

2.5.4.4　零信任：构建新一代的身份安全体系

在数据采集、存储、跨域流通、交换等过程中，一个重要的环节是用户身份的认证和访问权限的控制，即如何保障用户在合理的时间访问合理的数据，零信任是最佳解决方案。

基于零信任架构，采用数字身份访问管理技术，建立端到端的动态访问控制机制，确保身份可信、设备可信、应用可信和链路可信，极大地收缩了攻击面，可有效应对内部威胁和外部攻击，适用于身份认证、访问控制以及对数据的访问、系统对系统的调用等诸多场景。

（1）以泛数字化身份为基石。为所有的用户、设备、应用、服务都赋予一个电子身份，基于这个身份进行细粒度访问控制，重建安全信任关系。

（2）网络隐身技术。先认证再连接，应用对攻击者不可见，减少暴露面和被攻击的可能性。

（3）智能监控实时授权。在访问过程中，持续监控访问行为，实时采集多维数据，通过AI算法进行可信度评估，根据评估结果动态授权。

（4）流量加密技术。零信任网关能够提供加密能力，可以做到端到端流量加密。

2.5.4.5　安全访问服务边缘

客户终端逐渐多样化，接入方式也不断多样化，有必要采用“安全访问服务边缘”技术理念，保障边缘接入安全。安全访问服务边缘，即基于边缘计算部署模式，将网络连接能力和安全能力深度耦合，提供性价比高、上线快速、易扩展的安全服务和组网方案，满足端到云的访问过程中对网络和安全的需求。

（1）安全访问服务边缘部署方式

①端侧。部署智能引流网关（例如SD-WAN设备、智能网关），通过隧

道引流把客户的上网流量引流到边缘云，通过云上的安全能力池为用户提供安全服务。

②边缘云侧。部署安全能力池，提供上网行为管理、防泄密、威胁检测等服务。

（2）安全访问服务边缘安全能力

①上网行为管理。安全上网审计、精细访问控制，上网更安全。

②安全连接。收敛暴露面，安全接入内部业务，使远程办公更安全。

③防泄密。分析外发文档类型、网络外发应用、内网暴露风险应用，使企业及个人隐私数据更安全。

④防攻击。大数据关联分析技术、识别恶意链接、定位失陷主机，使企业业务更安全。

第3章　算力绿色化

在智慧网络的时代背景下，算力绿色化概念应运而生。数据中心、固网、无线网、承载网、核心网及运维管理等层面，都是推动算力绿色化的重要技术方向。这些应用场景的探讨，不仅充分展示了算力绿色化的可行性，更揭示了其背后的相关技术、应用与架构基础。

3.1 算力绿色化背景

3.1.1 绿色算力概述

3.1.1.1 对绿色算力的新认识

绿色算力涉及的研究对象包括各类算力载体（如手机、个人计算机、服务器等）、算力集群（如数据中心、智算中心和超算中心等）、算力平台以及算力应用等。其研究内容涵盖信息计算力、数据存储力、网络运载力等。因此可以说，绿色算力是一个广泛的概念，它涵盖了绿色计算的研究内容，并在此基础上进一步扩展到整个算力产业的绿色发展。通过吸纳绿色计算中针对绿色的定义和解释，我们可以更好地理解和推动绿色算力的发展。

目前，关于绿色算力的研究与分析文献较为匮乏，尚未形成一个公认的定义。然而，通过类比相似产业的发展趋势和特征，我们可以从两个不同角度深入剖析绿色算力的内涵，并尝试给出其定义。

绿色计算和绿色算力在词组构成和研究内容上具有一定的相似性，因此辨析二者的定义和范围有助于实现各自的绿色目标。绿色计算是一种注重环境保护的计算模式，旨在通过消除计算机系统对环境的不利影响，实现节能、环保的目标。而绿色算力则更侧重于在数字经济背景下，通过提高算力的能效和降低能耗，实现算力产业的可持续发展。虽然绿色计算和绿色算力在研究对象和范围上有所不同，但绿色计算中针对绿色的定义和解释可以为绿色算力提供有益的参考。

3.1.1.2 辨析绿色的内涵

为了准确界定绿色电力、绿色计算以及绿色算力等领域的内涵，我们首先需要明确“绿色”这一概念的本质。从视觉角度看，绿色象征着生机与活力，让人联想到自然之美。然而，在发展方式上，绿色则具有更深的内涵。根据我国的五年规划纲要，绿色不仅是可持续发展的必要条件，更是人民对美好生活追求的重要体现。它强调人与自然的和谐共生，坚持节约资源和保护环境的基本国策，推动形成人与自然和谐发展的现代化建设新格局。

3.1.1.3 算力设备关键绿色技术

算力设备作为算力的核心基石，其职责在于处理和输出数据。这些设备主要由服务器、芯片等核心部件构成，同时辅以网络和存储设备，共同构成完整的算力体系。鉴于算力设备的多样性和数量庞大的特点，其绿色技术的发展对于推动整个绿色算力领域的前进具有举足轻重的作用。

服务器是算力供给的中坚力量，不仅负责数据处理和结果输出，还是数据中心IT设备中能耗的主要来源。因此，提高服务器的高效节能性能，对绿色算力的发展至关重要。精简指令集架构，如ARM、MIPS和RISC-V等，以其低功耗、高效能和高可靠性的特点，成为推动算力设备绿色发展的重要力量。同时，高密度服务器的建设也是提升计算效率的有效方法，其通过共享电源和风扇，不仅提高了电源和散热系统的使用效率，还增强了单位面积的算力。

除了服务器，存储和网络设备同样是数据中心算力水平的关键因素。随着全球数据量的迅猛增长，低能耗的存储需求愈发迫切。数据分级、冷/热数据分治以及优化存储设计，可以有效降低存储成本和功耗。同时，闪存介质、高密度存储介质以及风液冷技术等先进技术的应用，也能显著减少存储能耗。

此外，数据融合技术和数据算法等也是当前业内研究的热点。这些技术的发展不仅能够提升数据存储和处理的效率，还能为绿色算力的发展提供新的动力。

3.1.1.4 算力平台关键绿色技术

先进的计算架构如平台工程和无服务架构，也为简化产品开发、提高算力资源利用效率提供了有力支持。平台工程通过构建自助式内部开发者平台，实现软件交付和生命周期管理的自动化，降低了开发人员成本，提高了研发效率。无服务架构则基于事件驱动，自动扩展和缩减计算资源，消除了对传统服务器的需求，显著降低了运维成本。

同时，人工智能应用框架如PyTorch和TensorFlow等，作为平台架构的一部分，为人工智能应用开发提供了优化的性能、易于理解的框架与编码、良好的社区支持以及自动计算梯度等特性，推动了技术创新和绿色低碳发展。

在应用产品设计和优化方面，发展绿色算法、优化策略和参数设置，以及利用并行处理和分布式计算能力，都是降低能耗、提高整体运行效率的有效手段。综合考虑应用程序的架构和设计，可以进一步提高服务器的利用率，实现算力资源的高效利用。

3.1.2 落实“双碳”目标的关键

当前，我们正站在科技革命和产业变革的交汇点上，数字化程度已成为企业在新竞争中的胜负手。在这一时代背景下，数据、算力和算法已成为驱动经济发展的新动力，其中算力作为支撑数据流通的核心基础设施，涵盖了数据的采集、存储、计算和应用等各个环节。算力，作为数字经济发展的强大引擎，其背后离不开数据中心的强大支撑。然而，随着算力的不断增长，数据中心的能耗问题也日益凸显。

面对全球气候变化的严峻挑战，我国在2020年庄严承诺到2030年前实现二氧化碳排放达峰，并努力争取到2060年实现碳中和。这一承诺体现了我国应对气候变化的坚定决心和雄心壮志。为落实这一承诺，中央经济工作会议将“做好碳达峰、碳中和工作”列为2021年的重点任务之一，并明确提出大力发展新能源。

在这一大背景下，数据中心的能耗问题受到了广泛关注。如何在降低数据中心电能使用效率（PUE）的同时，提升算力效率，实现绿色算力，已成为行业的迫切需求。数据中心亟需顺应这一发展趋势，降低碳排放，逐步迈向碳中和的目标。

为此，我国政府出台了一系列政策文件，以推动数据中心的绿色高质量发展。到2025年，数据中心和5G要基本形成绿色集约的一体化运行格局，新建大型、超大型数据中心的PUE要降到1.3以下，国家枢纽节点更是要降到1.25以下。

因此，加强绿色数据中心建设，选择能效高、技术先进、管理完善的数据中心，不仅是实现低碳目标的关键环节，更是企业快速实现碳达峰、碳中和的重要途径，同时也是践行绿色可持续发展理念的必然要求。

3.1.3　国内外算力绿色化进展

3.1.3.1　算力需求与“双碳”挑战，二者可以兼得

自2010年起，全球数据中心的功耗以惊人的6%的增速攀升，已然成为能耗领域的巨头。然而，令人欣喜的是，算力功耗比的提升速度远超预期，全球计算能力更是激增了高达550%。作为能耗密度较高的产业，数据中心的碳中和之路受到了全球的关注。

未来，数据中心的角色将发生深刻转变，从单纯的数据存储与处理中心，进化为算力中心。业界关注的焦点也从单纯的数据存储量，转向了单位算力的成本、能耗及客户体验。这一转变，标志着数据中心行业正迈向更高效、更绿色的新时代。数据中心能耗变化曲线如图3-1所示。

PUE，作为数据中心电力使用效率的衡量指标，其值越低，意味着IT设备能耗占比越高，电能更多地转化为算力资源。业界普遍认为，PUE越接近1，数据中心的绿色化水平便越高。然而，目前我国大多数数据中心的PUE值仍在1.5～3，相较于国外先进数据中心的PUE值小于2，仍有不小的差距。

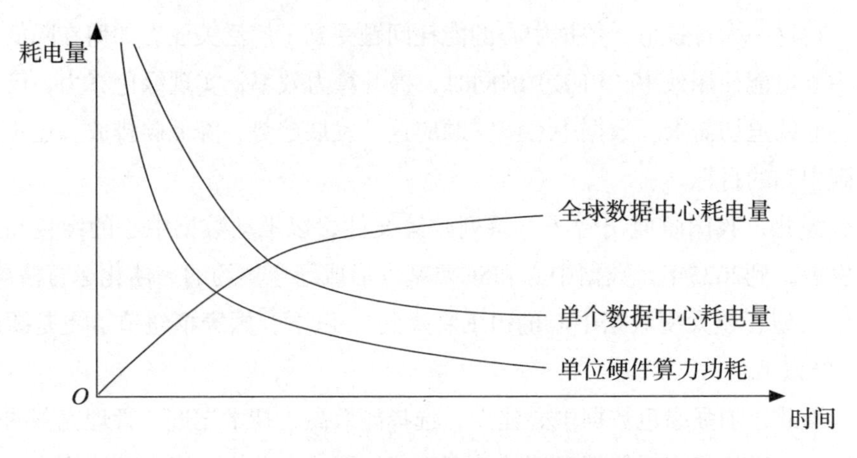

图3-1　数据中心能耗变化曲线图

此外，机架总体规模、服务器上架率等因素也对数据中心算力水平及算力能效产生着影响。截至2019年底，国内数据中心总体平均上架率为53.2%，其中核心区域的大型数据中心上架率更是超过85%。这些高上架率的数据中心，能够更好地满足实时算力需求，提升数据中心的运营效率。

综合考虑算力与功耗，单位功耗的算力成为评价数据中心计算效果更为准确的指标。数据中心算效（Computational Efficiency，CE）即为数据中心算力与IT设备功耗的比值，它同时考虑了数据中心的计算性能与功耗，为我们提供了一个更全面的效率衡量标准。其计算公式如下：

$$CE = \frac{CP}{\sum \text{IT设备功率}}$$

其中，*CP*（Computational Power）为数据中心算力，主要包含以CPU为代表的通用计算能力和以GPU为代表的智能计算能力，$\sum$IT设备功率为数据中心所有IT设备的功率总和。

虽然从能源消耗的角度来看，数据中心的运行确实增加了碳排放量，但当我们以更全面的视角审视时，算力正逐渐成为推动工业4.0发展的重要驱动力。满足不断增长的算力需求，对于应对“双碳”目标所带来的挑战至关重要。然而，算力增长的同时，数据中心设备的耗电量也在逐步攀升。因此，在追求碳中和、碳达峰的目标下，新一代绿色数据中心所倡导的“高效、低碳、集约、循环”理念，成为业界普遍关注的焦点。

作为全球市场占有率第三、我国领先的云服务提供商——阿里云在绿色数据中心建设方面走在了前列。他们首创的浸没液冷技术，将服务器浸泡在特殊绝缘冷却液中，实现了几乎零散热能耗的突破。广东河源数据中心将成为阿里云首个实现碳中和的大型数据中心，这一成果无疑为行业树立了绿色发展的标杆。

阿里云通过应用先进的节能技术、高效利用可再生资源，构建了一个“减碳三环”的绿色发展体系，为各行业提供了强大的“绿色算力”。他们致力于建设面向未来的绿色数字基础设施，积极赋能和驱动各行业走向绿色发展道路。

此外，百度和华为也在绿色数据中心建设方面取得了显著进展。百度公布了到2030年实现集团运营层面碳中和的目标，并通过技术创新、软硬结合、人工智能融合应用等方式，不断降低单位算力能耗。而华为的Cloud Fabrie 3.0解决方案则提供了无损网络技术，能够大幅提升算力能效比，减少单位算力能耗，助力各行业实现绿色发展。

3.1.3.2　合理分配计算资源，助力“双碳行动”

提及“绿色计算”，人们往往聚焦于降低数据中心的PUE值，然而其内涵远不止于此，它同样涵盖了如何合理高效地分配计算资源。在保障服务稳定性的基础上，通过科学的算力资源分配，可以显著提高资源利用率，减少服务器数量，进而降低碳排放。

目前，资源分配技术主要包括在线离线混合部署技术、云原生分时调度以及AI弹性扩缩容技术这三种。其中，在线离线混合部署技术通过巧妙的混合部署和削峰填谷策略，实现了资源利用率的显著提升；云原生分时调度根据时间段灵活分配和调度资源，提升了资源的响应速度；而AI弹性扩缩容技术则借助大数据和AI技术，精准预测流量，实现了智能的扩缩容操作。

3.1.4 绿色算力展望与建议

3.1.4.1 绿色设施、绿色设备、绿色平台和绿色应用共同筑起绿色算力未来

能源是算力产业不可或缺的驱动力，从服务器的运行到制冷散热设备的启动，再到大型模型平台的资源调度，每一步都离不开稳定可靠的能源供应。因此，推动绿色供能和绿色用能设施的发展，对于促进绿色算力至关重要。未来，算力产业将更加注重新能源电力的应用，加强对微电网系统的研究与建设，以确保电力的稳定供应。同时，储能材料的研发也将成为重要方向，以满足算力设施对能源的需求。

算力设备是决定算力供给能力的核心因素，其绿色低碳运行对于实现算力产业链的整体节能高效至关重要。我们将继续深化绿色技术研发和创新应用，从设备选型、系统部署到配套设施的全流程进行绿色化改造。

算力应用是算力赋能的关键环节，它将算力作为推动生产方式变革和数字化转型的重要驱动力。随着算力在各领域的广泛应用，应用场景正逐渐从通用场景拓展到行业特定场景。然而，不同应用场景对算力的需求各异，如何在满足多样化需求的同时实现低能耗、低排放，是算力产业面临的重要挑战。未来，我们将广泛建立算力绿色低碳化标识，引导消费者选择绿色算力，促进产业上游供给绿色算力，从而推动算力产业整体实现绿色低碳发展。

3.1.4.2 促进绿色算力发展的建议

在数据中心领域，尽管已有关于碳利用效率、碳中和评估、IT设备能效的标准和规范，但绿色算力标准体系仍存空白。基础性标准如术语和定义尚待完善，计算评测、分类分级方法亟需制定。因此，建立和完善绿色算力标准体系，推进其在算力基础设施等重点企业和领域的应用，为算力全生命周期的绿色化提供指导和建议，成为未来工作的重中之重。

3.2　算力绿色化技术

"算力绿色化"积极倡导运用新兴的节能与IT技术，以提升能源利用效率，从而有效减少碳排放。算力，其主要的承载者包括数据中心和终端设备，其绿色化技术主要涉及云边端架构下的资源调度优化。这包括在数据中心、基站、网络等各环节应用节能技术以及合理统筹规划算力资源，比如在数据中心层面，优化计算资源的能源配置和使用效率。算力绿色化的终极目标是实现资源与能源的高效甚至重复利用，最大化IT资源效率，同时积极采用可持续的产品和制造实践。

3.2.1　数据中心节能技术

在当今社会，云计算技术已广泛支撑起各类IT服务。随着基于云的IT服务和应用程序数量激增，构建新型数据中心以容纳庞大的Web服务器、存储和网络设备已成为刻不容缓的需求。然而，这也导致云数据中心的能源需求——无论是直接的能源消耗还是间接的冷却能源需求——均呈上升趋势，从而使得数据中心的能耗占比持续攀升，引发业界对数据中心节能技术的广泛关注。

数据中心节能技术涵盖了多个方面，包括创新的硬件技术、清洁能源的利用以及绿色IDC技术等。通过引入智能间接蒸发冷却机组、中低压一体化供配设备以及结合冷机与自然冷却的方式，同时改进服务器整机柜设计，创新硬件技术不仅提升了硬件的工作效率，还显著提高了其效能比，进而降低了数据中心整体的碳排放。

此外，清洁能源的全面应用使得绿色能源的利用效率大大提高，进一步减少了能源消耗。同时，绿色IDC技术则通过采用新型制冷技术，有效实现节能减排的目标。

为打造新一代绿色数据中心，我们需要充分发挥硬件技术的创新能力，全面应用清洁能源，并采纳绿色IDC技术。通过这些举措，我们可以实践数字减碳，推动实现“绿色算力”，为可持续发展贡献力量。

3.2.1.1 创新硬件技术

在硬件领域，绿色数据中心凭借三大核心技术脱颖而出。

（1）智能间接蒸发冷却机组的应用显著提升了能效。其内置的智能运维系统确保在故障发生后的15min内能迅速定位问题，同时能够实时掌握蒸发系统的温度等关键参数。模块化设计允许我们更灵活地调整制冷模式，从而有效降低能源消耗。

（2）中低压一体化供配设备的采用进一步推动了成本的降低和效率的提升。通过高度集成中压、低压、锂电系统，并结合工厂预制化方案，成功实现了成本下降8%和效率提升2.5%的显著成果。

（3）冷机与自然冷却方式的结合使用也取得了显著成效。借助板式液冷服务器，实现了基础PUE小于1.1的优异表现。在服务器整机柜设计方面，针对风道与电源进行了优化，并引入了新型散热器，从而大幅提升了主板散热和单个设备的制冷效率。在供电方面，提供了整机柜解决方案，实现了对每台服务器设备的统一管理。这不仅减少了备份电源的数量，提高了效率，还通过直流中压转低压等技术应用，进一步提升了散热效果和供电效率，有效减少了电源损耗。此外，还可借助集中式GPU算力平台与调整中心，实现全区域、全时段的计算需求共享，以避免资源的重复建设。

为了更好地推动低碳发展，还可将高负载、高能耗业务逐步向西部迁移，利用西部的清洁能源优势，降低对原始能源的依赖，推动绿色数据中心的建设。在应用层面，通过边缘部署的方式进一步降低了能耗需求。

3.2.1.2 发展清洁能源节能减碳

清洁能源技术正成为新一代绿色数据中心的重要支柱。大规模分布式光伏电站的建设，为整个园区提供了稳定的电力供应，有效推动了绿色能源的应用。同时，热回收技术的引入，使得热能在系统中循环利用，极大地提高了资源利用效率。

新一代绿色数据中心不仅致力于提升可再生能源（如风能、太阳能）的利用比例，还在积极探索扩大能源回收利用的范围，以实现更为环保和可持续的运营。在规划建设方面，园区采用标准化、规模化的建设方式，供电和空调系统全面采用预制化中低压一体化供电模块、集中式锂电储能、间接蒸发冷却、液冷等创新、高效、节能技术。这些先进技术的应用，不仅提升了数据中心的建设交付速度，还显著降低了数据中心的运行PUE，为绿色数据中心的可持续发展奠定了坚实基础。

3.2.1.3 绿色IDC技术

除了前文提到的硬件技术和清洁能源应用，绿色数据中心的建设还可采纳多种先进技术，如磁悬浮离心冷水机组、室外机雾化技术、液冷技术以及余热回收技术等。

磁悬浮离心冷水机组的核心在于其磁悬浮压缩机。与传统离心式压缩机相比，磁悬浮压缩机采用磁悬浮轴承替代机械轴承，实现制冷系统无油运行，避免复杂的润滑油系统。同时，结合永磁同步电机、双级补气、电机直驱叶轮等技术，该机组性能得到显著提升。

室外机雾化技术则通过雾化器将水雾化后喷洒在冷凝器进风侧，有效降低冷凝器进风口的温度，提高热交换效率，从而减少压缩机功耗。雾化技术能大幅提升吸热量，使局部环境降温，提高冷凝器散热效率，改善压缩机工况，进而提升空调系统的制冷效率，实现电能节约。

液冷技术分为直接冷却和间接冷却两种。直接冷却中，制冷介质与发热元件直接接触，如浸没式液冷技术，将服务器主板、CPU等元件浸没在制冷介质中，实现高效换热。间接冷却则以冷板式液冷技术为主，通过液冷板将热量传递到制冷介质中。

余热回收技术则能充分利用工业余热资源，提高能源利用率，减少对传统能源的消耗。数据中心余热利用方案多样，包括直接利用机房热通道内的热空气、空气源热泵方案以及水源热泵方案等，根据实际需求选择合适的方式。

这些技术的应用不仅有助于提升数据中心的能效，还能实现节能减排的目标，推动绿色数据中心的可持续发展。

3.2.2 智慧网络节能

网络无疑是过去几十年人类社会创新的关键组成部分与强大推动力。随着众多行业和企业逐渐融入IT技术和服务，网络已演变为一个连接全球数十亿设备的复杂网络结构。因此，网络设备对能源的消耗量巨大。为了节能，我们采用了多种基本技术，包括多层流量管理方案、能耗感知技术、业务量疏导技术，以及先进的软件定义网络（Software-Defined Networking，SDN）和网络功能虚拟化（Network Function Virtualization，NFV）等。这些技术的应用有助于我们更有效地管理网络资源，减少能源消耗，实现可持续发展。

3.2.2.1 固定网络节能

关于多层流量管理方案，它主要包含了慢速MLTE（Multi-Layer Traffic Engineering，多层流量管理）机制和快速MLTE机制两种。慢速MLTE机制采用较长的时间周期进行流量评估，通常为数天或一周，根据节点间的流量情况，通过重路由等技术调整路由，实现能耗优化。而快速MLTE机制则将时间周期缩短至小时级别，根据网络流量的实时变化动态调整路由，以实现网络整体能耗的最小化。

能耗感知RWA技术是针对当前通信网中清洁能源（如太阳能、风能）的广泛应用而设计的。该技术旨在通过优化路由和波长分配，使清洁能源得到最充分的应用，同时实现网络的整体优化。

业务量疏导技术则是在网络配置确定的情况下，通过智能疏导业务，实现网络性能、成本和能耗的优化。在光网络中，多线速业务量疏导相比单线速业务量疏导更能降低网络总能耗。

对于5G承载网络，引入智能PID（Proportion Integration Differentiation，比例积分微分）调速和分区调速技术，可以有效平衡单板工作温度并降低整机能耗。同时，针对设备子卡、光模块等组件，当其不在位时，可以降低相应软硬件功能模块的功耗；在业务板不在位的情况下，关闭与之对应的交换数据通道，可以实现更为精细的能耗管理。

3.2.2.2　5G移动网络节能

移动核心网作为数据管理与处理的“中枢神经”，不仅负责数据的流转与路由交换，还通过SDN技术实现5G核心网元功能的定义，进而依托网络云中的虚拟网络功能（VNF）完成相关操作。虚拟化技术的运用，在减少能源消耗方面展现出巨大潜力。通过让硬件作为多个应用程序的共享载体，我们不仅可以避免专用硬件和软件组件的额外部署成本，而且实现了更高的能效。

在节能的同时，还需要充分考虑用户的QoS需求，确保在满足用户需求的前提下，降低VNF的资源占用，从而在节能和网络需求之间找到最佳的平衡点。

3.2.3　绿色云边端计算架构

随着多种新兴技术的蓬勃发展，未来的算力正迅速从云端向边缘延伸，构建起一个典型的云–边–端多级泛在算力基础架构。在这种绿色算力的架构中，云–边–端三层设计将从五个关键方面推进发展：异构计算的优化、计算资源的合理分配、存储结构的改进、边缘计算的深化以及智慧运维的实施。这些举措将共同推动算力结构的创新与升级，为未来的技术发展奠定坚实基础。

3.2.3.1 异构计算

异构计算，即采用不同指令集和体系架构的计算单元所组成的系统，主要包括异构机器、高速网络及相应的支撑软件。其中，计算单元以CPU和GPU为主。尽管提升CPU的时钟频率和内核数能增强计算性能，但伴随的是散热问题。相对而言，GPU虽散热更佳且内核数及并行计算能力更强，但利用率却不高。因此，异构计算通过高速网络将多种计算单元关联，以高效完成复杂任务。其优势在于高计算性能、低能耗及高资源利用率，现已成为绿色算力领域的研究焦点。

随着计算机技术的日新月异，异构计算已广泛应用于各领域，如PC、手机、云计算及分布式计算等。具体应用涵盖图像理解、质点示踪、声束形成、气候建模、湍流对流混合模拟以及多媒体查询等。在日常生活中，无论是网页和视频的加速，还是DNA计算、天气预报分析、蛋白质计算，甚至大型数据中心的建设，都有异构计算的身影。例如，“神威·太湖之光”数据中心便采用异构计算方式，相较于同构超算，其能耗显著降低。

3.2.3.2 计算资源的合理分配

计算资源的合理分配，是借助动态、弹性调配固有资源，实现“算力增强”与“能耗降低”的关键手段。这不仅能助力降低碳峰值排放量，推进“碳达峰”目标，更对实现长远的“碳中和”目标具有重要意义。尽管目前基于合理分配的绿色算力实践尚不广泛，但从数据中心模块化和虚拟化的发展趋势看，计算资源的分配将成为云计算、边缘计算迅猛发展下提升算力效率的关键举措。

其中，在线离线混合部署技术，在同一数据中心混合部署离线与在线任务，并利用Kata安全容器的强隔离技术，在高峰时段减少离线服务的计算量，低谷时段则恢复处理。这种“削峰填谷”的方式，相较于传统将离线与在线任务分置于不同数据中心的做法，能显著提升资源利用率，使数据中心更像一台智能的计算机。

云原生分时调度技术，则是一种基于云原生技术的资源调度方式。它允许同一份资源在不同时间段内灵活分配给不同活动使用，有效解决了资源不足问题，提高了调度响应速度。这种技术类似于算力上的“潮汐调度”，通过优化，资源响应速度可从小时级提升至分钟级。

此外，AI弹性扩缩容技术，也是实现资源合理分配的重要手段。它运用大数据和AI技术智能预测流量，进而实现合理的扩容和缩容。通过图计算流量周期算法、深度学习、在线学习以及时空图神经网络等方案，该技术能提前预测应用流量，并通过因果推断和时变关系分析不同应用流量的调用关系和波动情况，最终基于强化学习的负反馈方案实现智能扩缩容。

3.2.3.3 存储结构优化

数据元素之间的关系主要有两种表达方式，即顺序映象和非顺序映象。这两种映象方式进一步衍生出两种存储结构，即顺序存储结构和链式存储结构。在计算机中，数据的存储结构是数据逻辑结构的具体表现形式。顺序存储结构是存储数据的一种基本方式，它常常借助程序设计语言中的数组来实现。而链式存储结构则依赖于程序设计语言中的指针类型来构建。

面对数据计算和存储需求的指数级增长，传统的计算与存储架构是否依然适用，成为一个值得深思的问题。在数字经济时代，数据已经成为新的生产资料和关键资产。然而，这些宝贵的资产和生产资料之所以未能被全面存储，一个重要原因在于存储架构和存储技术的发展未能及时跟上数据的增长步伐。长期以来，用户对存储的需求主要集中在两点：一是存储空间要足够大，二是存储速度要足够快。同时，用户还希望在采购和后期使用上能够控制成本。事实上，目前并没有任何一种单一的存储设备或存储介质能够同时满足这些要求。

因此，创新存储架构，如采用去中心化分布式存储、分层存储和分区存储等方式，成为解决当前存储挑战的有效途径。去中心化分布式存储架构有助于降低存储成本，使更多的数据能够被存储下来，供后续处理使用。同时，对分层存储进行进一步细化，根据数据对存储时延和容量的不同需求，将其分为极热、热、温、冷、极冷五个层次，并采用相应的产品来满足这些需求。此外，利用ZNS（分区命名空间）SSD（固态硬盘）进行分区存储，不仅可以提升存储性能，增加可用容量，还可以减少机柜空间占用，从而进一步降低功耗开销。

3.2.3.4 边缘计算

边缘计算是一种在靠近物和数据源边缘部署的开放分布式平台，集网络、计算、存储、安全及应用能力于一体，旨在提供就近服务。它位于中心云与终端之间的基础设施层，是云计算能力向边缘端的延伸，为云计算提供了重要补充。通过将合适的业务模块部署在边缘节点，数据在边缘端产生和消费，无须频繁回传至中心云，从而实现了数据处理的本地化。

边缘计算具备诸多优势，如低网络延时、低带宽需求、低成本、弹性伸缩能力、业务本地化、敏捷交付、高安全性以及开放灵活性。这些特点使得边缘计算能够高效利用边缘基础设施资源，减轻中心云的负担，并减少网络带宽等资源的消耗，因此，它成为绿色算力领域的一个重要研究方向。

在“云-边-端”三级体系架构中，中心云扮演着“大脑”的角色，而边缘计算则充当“小脑”。边缘计算服务节点（Edge Node Service，ENS）靠近终端或用户，提供具体的边缘计算服务，并由边缘计算的控制节点进行调度和弹性伸缩。对于隐私数据或重要信息，它们会上传至中心云进行分析处理；而对于海量数据或对实时性要求较高的数据，则由边缘计算服务节点进行处理和执行。

边缘计算的应用场景广泛，包括内容分发网络（Content Delivery Network，CDN）、互动直播、智能家庭、智慧交通、工业物联网以及医疗保健等。在这些应用中，CDN是最为成熟的场景之一，通过将内容缓存到边缘节点，实现近距离服务，降低内容消费的成本和延时。

边缘计算的核心能力在于根据业务场景将不需要中心端处理的业务下沉到边缘端执行。通过在边端节点之间完成资源调度和弹性伸缩，充分利用边缘资源，降低网络、存储和计算等资源的占用，从而实现绿色计算的目标。

3.2.3.5　智慧运维

算力，作为数字经济发展的核心驱动力，其承载者——数据中心，正日益凸显其重要性。然而，随着算力的迅猛增长，能耗问题也愈发凸显，如何在确保算力充沛的同时实现能耗的有效降低，已成为基础设施厂商亟待解决的难题。

数据中心的能耗管理，并非简单的技术堆叠，而是一项涉及多专业的系统工程。传统的运维方式，高度依赖强弱电、制冷、IT、CT等专业人员，但这种方式已难以满足当前的发展需求。设备老化、故障等问题难以被及时发现和处理，无形中增加了能源消耗。

为此，数字化技术成为解决这一问题的关键。通过构建一套贯穿数据中心全生命周期的智慧运维方法，我们可以实现数据中心的绿色、高效、节能目标。多个厂商正在积极打造智能的IDC运维管理系统，借助物联网平台，实现对海量设备的数字化管理，从而实现对数据中心的全面监控。

这种智慧运维系统不仅具备“全国一体化”的特性，还能实现远程和本地运维的有机结合。通过构建综合管理一体化平台，实现对全国各数据中心服务节点的统一监控、分析和运维。系统采用“1+N”架构，平台端汇聚全国数据中心的服务节点信息，并利用大数据和机器学习技术进行分析，及时发现异常并生成运维策略。服务端则根据策略进行远程调整优化，快速响应并降低服务不可用时间。

在数字时代，对计算力的需求持续增长，数据中心的数字化转型与智慧化升级已成为行业发展的重要方向。通过智慧运维的管理方式，可以实现对数据中心风火水电的高效监控，降低能源消耗，提高利用效率。只有从源头优化数据中心的能源消耗，才能为实现“碳中和”目标奠定坚实基础。

3.3 绿色算力应用场景

全球范围内的运营商、设备商及第三方厂商均积极投身于绿色算力的探索之旅，力求通过应用前沿的绿色算力技术，实现算力资源的高效利用。

在数据中心智慧节能方面，AI技术的应用使得数据中心能够实现对能耗的精准控制和优化。通过智能分析数据中心的运行数据，AI系统可以预测未来一段时间的能耗趋势，并自动调整设备的运行参数，以达到节能的目的。此外，AI技术还可以对数据中心的环境进行智能监控，及时发现并处理异常情况，确保数据中心的稳定运行。

在基站智慧节能应用方面，AI技术同样发挥着重要作用。通过对基站运行数据的分析,AI系统可以识别出基站能耗的瓶颈，并提出相应的优化建议。例如，在夜间或低流量时段，AI系统可以智能调整基站的发射功率，降低能耗。同时，AI技术还可以实现对基站设备的故障预测和维护，提高基站的运行效率。

在承载和核心网络智慧节能应用方面，AI技术的应用使得网络能够更加高效地运行。通过智能分析网络流量和负载情况，AI系统可以实时调整网络资源的分配，确保网络在高负载情况下仍能保持较低的能耗。此外，AI技术还可以对网络的异常情况进行快速识别和处理，提高网络的稳定性和可靠性。

在云边端资源智慧能效管理应用方面，AI技术可以实现对云、边、端各类资源的统一管理和调度。通过对各类资源的运行数据进行智能分析，AI系统可以预测未来的资源需求趋势，并自动调整资源的分配策略。这不仅可以提高资源的利用效率，还可以降低整体的能耗成本。

3.3.1 数据中心智慧节能

随着5G和互联网应用的不断进步，云数据中心和边缘数据中心的规模预计将进一步扩大。考虑到能源短缺和环境保护的紧迫性，推动数据中心的绿色化已成为行业发展的必然趋势。

数据中心的能耗主要由IT设备、制冷系统和供配电系统三大部分构成，而针对这三个部分，我们均可以运用新兴技术来降低能耗。

在IT设备节能方面，虽然服务器设计通常追求数据的最大处理和路由交换能力，但在数据量较小时，这种设计往往导致能耗冗余。同时，当预测到业务负载将显著增加时，我们可以及时唤醒必要的服务器并重新分配业务负载，以实现绿色节能。

在制冷系统节能方面，数据中心常因制冷量冗余和制冷设备参数设置不当而导致能耗浪费。通过应用AI和机器学习技术，如结合机房环境状态和IT负载等数据，利用XGBoost、LSTM等算法，我们可以优化制冷设备的参数设置，从而降低制冷能耗。此外，采用室外机雾化技术、液冷技术等绿色IDC技术也能有效降低制冷能耗。

在供配电系统节能方面，可以借助错峰储能和清洁能源等绿色节能手段。具体来说，在夜间用电低谷时段，可以利用市电为储能电池充电；而在白天用电高峰时段，储能系统则可以为各项负荷供电。这样不仅可以通过峰谷电价差实现营收，还能减轻国网在用电高峰时的电力负担。同时，通过运用AI和机器学习算法，可以更准确地预测电力需求和可再生能源的发电量，从而有效解决清洁能源间歇性发电带来的问题，提高清洁能源电能的可利用性。

3.3.2 基站智慧节能

在实际网络运营中，话务量呈现出明显的潮汐现象。当业务量稀少时，基站仍需保持运行状态，导致了显著的能源浪费。因此，基站必须根据话务量的繁忙程度动态调整设备状态，以减少不必要的能耗。

传统的节能方法依赖于人工对海量数据进行深入分析，这包括公参数据、网络存量、特性适配、站点共覆盖、多频多制式网络识别等复杂内容。这种方式往往采用统一的关断参数设置，缺乏对不同场景的差异化处理，导致在话务繁忙时可能因参数不当而影响业务，进而影响关键绩效指标（KPI）；而在业务空闲时，又因参数设置不合理，节能效果难以最大化。

为了解决这一节能不充分和“一刀切”式节能配置的问题，基站智慧节能方案提出了自动化多模节能策略协同的新思路。该方案通过预测未来一段时间内小区或小区簇的负荷情况，结合不同的节能方式（如载波关断、通道关断、符号关断等），为每个小区确定最佳的节能时间。这一策略能够实现多制式、多频段的协同，包括频段内跨制式协同关断和频段间多载波关断，并可以自动为每个小区制定最适合的节能方案。在保障网络质量和用户体验的前提下，该方案能够实现业务、资源、效能的动态最优平衡，推动网络的绿色可持续发展。

3.3.3 承载和核心网络智慧节能

随着5G网络的深入部署与发展，其支持多设备大规模连接和海量数据存储的能力日益凸显。5G核心网基于服务的架构为用户提供了更广泛的接入选择和更灵活的控制手段。在网络功能虚拟化架构下，物理计算、存储、网络资源被高效转化为虚拟资源池，使得网络管理更加灵活便捷。5G网络与NFV基础设施的融合为普通消费者和第三方应用程序提供了全新的业务能力，如网络切片和边缘计算等。

然而，随着网络服务种类的不断增多，5G网络的复杂性也在逐渐提升。例如，根据业务需求动态调整网络容量变得愈发复杂，传统的运营管理模式已难以满足当前的运维和节能需求。因此，我们需要更加智能化的技术来支持网络的部署与管理，提升运维效率和能效指标。

通过实时数据采集，我们能够掌握承载网和核心网络的运行状况，及时发现网络变化。借助人工智能技术，我们可以基于历史数据和实时数据对用户行为、网络业务及资源需求进行精准预测和评估。根据预测结果，我们可以做出相应决策，如激活预测空闲的VNF、调度轻量级流量、整合VM等。通过对业务和资源需求进行前瞻性预测，并在多个资源池上进行合理编排和部署，我们能够更充分地共享基础设施，提高网络资源利用率，实现承载和核心网络的灵活编排，从而达到绿色节能的效果。

3.3.4 云边端资源智慧能效管理

3.3.4.1 “双11”：“绿色计算”规模化应用实践的试验场

在云计算时代，借助人工智能和大数据等前沿技术，互联网科技公司正通过创新手段优化资源配置。在保障服务稳定性的基础上，这些公司能够更合理地分配计算资源，提高资源使用效率，从而减少服务器的使用量，进而降低碳排放。

为了构建高效、绿色的算力资源体系，云边协同的分布式节能系统应运而生。该系统遵循“云端集约化管理、边缘分布式汇聚”的原则，在边端实现资源数据的收集与处理，并在云端实现多元数据的融合共享，形成全面的资源池。这样，AI智能算力资源可以在云端实现统一管理和数字化、智能化，从而构建出信息化、绿色、共享、低碳的生态环境。

同时，云端资源调度“大脑”的构建也是关键一环。通过对资源分布规律的分析，系统能够多元化地调度算力资源，并根据业务量的变化进行弹性伸缩。这不仅有助于实现绿色节能的目标，还能实现算力资源的共享。

3.3.4.2 绿色算力在智慧城市绿色化进程中的应用场景

为了推动城市的绿色化进程，国内众多一线和二线城市纷纷引入大数据和人工智能等绿色算力技术，以推动城市的绿色化和智能化发展，并有效减少城市运转过程中的碳排放和资源消耗。例如，在北京市海淀区，打造的“城市大脑”通过AI计算中心对各类数据进行高效处理，输出最优反馈结果，为公共安全、城市交通、生态环保等领域提供科学、动态、有效的技术决策支持，为城市管理的绿色化和智能化作出了杰出贡献。

在能耗管理方面，上海市政府与上海浦东供电公司共同打造的“智慧能源双碳平台”充分展示了AI算力的应用潜力。该平台通过碳消耗检测算法，为政府提供直观的排碳热力图，展示区域内的碳排放情况。同时，AI算力还能计算区域的历史CDP、用电量和清洁能源使用率等数据，为城市的“双碳”决策提供坚实的数据支撑。

在城市交通领域，北京市交通委员会成立的“国家能源计量中心”对城市交通运转中产生的海量数据进行分析和处理，包括城市交通能耗、城市污染排放量、城市碳消耗量等重要参数，为节能减排工作提供了有力支持。此外，北京地铁公司也搭建了一套能耗统计与检测系统，整合地铁运行中的能耗信息、运营信息以及各条地铁线的设备运行参数，依托物联网、大数据和AI技术，实现对16条地铁线路、284个地铁站和近万块参数表的实时数据采集、存储和快速查询，为推进智慧城市绿色化提供了重要的决策依据。

3.3.4.3 边缘云计算应用：流媒体互动直播

边缘计算技术将云的基础设施能力下沉到用户身边，充分利用了边缘网络和计算的优势，为直播提供了低延时、稳定流畅和实时互动的观看体验。同时，通过边端节点间的资源调度和弹性伸缩，实现了绿色边缘计算的目标。

随着5G技术的蓬勃发展，高清直播等产业链正经历前所未有的变革。新技术的涌现，如边缘计算，不仅显著提升了直播效率，降低了成本，还增强了直播的实时性和个性化内容展示。

互动直播作为高度依赖内容分发的业务场景，涵盖了音视频推流、转码、分发、播放等核心环节，同时融合了弹幕、打赏等互动元素。因此，在直播体验方面，对清晰度、流畅度和播放延时等都有着严苛的要求。

基于这些特点，直播面临的技术挑战包括应对瞬时流量增长时的性能保障，确保秒开、低延时和流畅度的核心体验以及维护服务的稳定性。而边缘计算技术的引入，使得直播平台能够将业务下沉到边缘，从而有效解决了这些挑战。

（1）面对业务流量的突发和瞬时增长，边缘计算通过预留足够的资源，实现了资源的弹性扩展。其“中心-边缘-终端”的架构使得资源创建更为迅速，大大提高了扩缩容的效率。

（2）边缘计算提供了完整的开放场景服务能力，封装了底层复杂的基础设施和网络环境，为客户提供标准的计算、存储、网络及安全能力。这使得直播平台能够轻松将业务模块下沉到边缘，同时享受到多种存储方案和DDoS防护能力。

（3）边缘计算通过底层自动化迁移能力和节点网络监控，确保了服务的连续性和稳定性。资源隔离功能也避免了资源争抢，进一步增强了直播边缘业务的稳定性。

（4）边缘计算还降低了业务初始阶段的资源建设、开发成本以及后期的运维、管理成本，同时减少了中心到边缘的带宽费用。

第4章 “源网荷储”一体化研究

“源网荷储”一体化是一种新型的电力运行模式，它将电源、电网、负荷和储能作为一个整体进行规划和运作。这种模式旨在提高新能源的消纳能力，增强电力系统的安全稳定运行水平，并降低用电成本，提高能源利用效率。本章主要对电力系统发展现状、新型电力系统构建“源网荷储”新生态、“源网荷储”一体化发展的关键举措等内容进行详细论述。

4.1　电力系统发展现状

4.1.1　新型电力系统发展现状

构建新型电力系统，以新能源为主要支柱，不仅是能源和电力转型的迫切需求，更是达成碳达峰和碳中和目标的关键路径。电力系统已经历了两次重要的演变：在20世纪早期，初代的电力系统以交流电生成和输送技术为核心，其特色在于小规模发电机组、低电压运作以及小型的电网布局，这标志着电力系统的初步发展阶段。随着电网的不断扩张和升级，20世纪后期的第二代电力系统展现出了大型发电机组、超高压输电以及大规模电网的集成特点，它在推动经济大幅增长的同时，也消耗了大量的化石能源，显然这种发展模式已无法持久。而中国正筹划建设的新型电力系统，将新能源作为主要能源供应，旨在满足日益增长的清洁能源需求，同时确保系统的持续进步，这一系统将具备显著的安全性、开放性与灵活性。表4-1对不同时期电力系统的技术经济特性进行了比较。

表4-1　第一代、第二代和新一代电力系统技术经济特征比较

比较内容	第一代电力系统	第二代电力系统	新一代电力系统
电源结构及单机容量	机组容量不超过10~20万千瓦	化石能源为主的电源结构，大机组容量达到30~100万千瓦	清洁能源发电占较大比重，大型骨干电源与分布式电源相结合

续表4-1

比较内容	第一代电力系统	第二代电力系统	新一代电力系统
电网规模及结构模式	城市电网，孤立电网和小型电网	分层分区机构的大型互联电网	主干输电网与地方电网、微电网相配合
输电电压及输电方式	220kV级及以下输电和配电	330kV级及以上超高压交流、直流输电，主要是架空输电方式	大容量、低损耗、环境友好的输电方式
调度方式	经验型调度	分析型调度，适应负荷变化的电源侧能量管理系统	智能型调度，适应可再生能源电力变化和负荷变化的综合能量管理系统
用电方式	被动型用电	被动型用电，单一的电力服务	主动型用电，用户广泛参与电网调节；向用户提供能源和信息综合服务
效率	电厂能耗率、线损率高	第二代电力系统发电和电网效率较高	设备及新型输配电技术和装备，发电和电网效率大幅提升
对环境的影响	电厂污染排放严重	常规污染排放基本解决但以化石能源发电为主，碳排放量大	化石能源消耗大幅降低，碳排放大幅降低
安全可靠性	电网安全和供电可靠性低	电网安全和供电可靠性大幅提高，但大电网事故风险依然存在	供电可靠性大幅提高，基本排除用户的意外停电风险
经济性和资源优化配置能力	小机组、小电网经济性差，资源优化配置能力差	充分利用大机组大电网的规模经济性，大范围的资源优化配置能力	大型集中式和分布式清洁电力相结合，基于先进传感、通信、控制、计算等实现资源智能优化配置
管理模式	粗放的经营管理	发、输、配垂直集中管理后期引入电力市场机制	市场化的管理模式，充分调动电网、用户参与各方的积极性

新型电力系统承载着实现碳达峰、碳中和的使命，它融合了新发展理念，致力于构建新格局并推动高质量发展。此系统以保障能源电力安全为基石，以满足社会经济发展的电力需求为核心目标，将最大化利用新能源作为主要任务。它依赖于坚强智能电网作为连接平台，通过源网荷储的互动与多种能源的互补来支持。这一系统的特性包括清洁、低碳、安全、可控、灵

活、高效、智能和开放。在安全性层面，新型电力系统实现了各级电网的和谐发展，融合了多种电网技术，显著优化了资源配置。它确保了电网的安全稳定，有效整合了高比例的新能源和电力设备，满足了国家在能源安全和电力供应方面的需求。在开放性方面，此系统展现了多元化、开放性和包容性的特点，它不仅能接纳各种新的电力技术，还支持新设备的快速接入。它促进了各种能源的交互转换和新型负荷的互动，成为多种能源网络的核心连接点。在适应性上，新型电力系统的各个环节都紧密相连、协调互动。借助先进的技术应用和资源控制，它具备了高度的灵活性和智能控制能力，适应了众多不同资源的接入和交互。

在当前全球能源结构转型、应对环境污染和气候变化的背景下，可再生能源的发展成为全球可持续发展的重要方向，这与中国电力系统的发展策略相吻合。国家已经明确了新能源在未来电力系统中的核心地位，预示着可再生能源将从替代性能源逐渐转变为主导能源，对整个能源产业链带来深远的影响。

我国，作为一个能源消费大国，正经历着可再生能源，特别是风电和光伏的快速发展。这些能源的开发正在从分散、小规模向大规模、集中开发和远程输送转变。随着风电和光伏产业的迅猛增长，新能源正在大量替代传统火电。2010—2020年，我国的风电和光伏发电装机容量实现了惊人的增长。预计未来，可再生能源的发电量将持续增加，逐渐成为电力系统的主要电源。但可再生能源的特点，如建设周期短、间歇性强、不确定性高和能量密度低，给电力系统带来了新的机遇和挑战。

在当前我国新基建的推动下，风电和光伏的大规模建设正在加速，特高压交直流的跨省区互联也在进一步深化。随着以电力电子装置为接口的可再生能源比例不断攀升，电力系统的结构和运营方式正经历着深刻的变革。电力系统的特征日益凸显：高比例的可再生能源接入、电力电子化的高度发展以及信息化的深入应用，已成为新型电力系统的显著特点。同时，为了响应碳减排的全球号召，碳交易和碳金融市场应运而生，新能源与能效技术也取得了显著进步。

为了适应能源转型的需求，构建以新能源为主体的新型电力系统，我们需要对现有电力系统进行全面升级，并发展更多种类的灵活电源。具体措施包括：

（1）在电源方面，新型电力系统必须具备强大的电力供应能力和有功调节能力。在传统的电网中，火电、水电、核电等机组能完全满足电力需求，而可再生能源仅作为补充。但在新型电力系统中，可再生能源将承担大部分负荷需求，传统机组将转变为辅助发电角色。随着可再生能源的大规模接入，其带来的不确定性问题将日益突出，这对调频和负荷跟踪能力提出了更高的要求。火电机组需要逐步减少容量，同时应用低碳技术，如碳捕集等，并承担更多的灵活性调节功能，以实现从电量供应主体向电力供应主体的转变。

（2）在电网方面，新型电力系统需要具备高效的输电效率和资源优化配置能力。一方面，新能源的大规模集中开发和远距离输送将进一步加强，跨区输送可再生能源将成为重要的电能传输方式。另一方面，随着新能源的规模化接入和柔性输电技术的广泛应用，电网将呈现出高度电力电子化的特点，这对系统的稳定运行提出了新的挑战。此外，传统的集中化电网将逐渐不再适应新型电力系统的需求，而海量小型、分散的分布式电源将使电网呈现出扁平化、分布化的特点。配电网需要与分布式、微电网的发展相适应，促进多种能源的互补与协调控制，以满足分布式清洁能源并网和多元负荷用电的需求。

（3）在负荷方面，新型电力系统需要扩大电能替代的深度和广度，并全面拓展电力消费模式。通过提高以电能为中心的能源系统的多元聚合互动能力来增强能效。同时，通过耦合新型负荷和多元化储能设备，实现负荷的分类可控高效管理，并引导各类负荷资源参与需求响应，以提高能源利用效率并发挥负荷侧的灵活调节能力。

（4）在储能方面，新型电力系统需要发展广域协同的储能形态和高效经济的储能技术。储能技术能够将电能的生产和消费从时间和空间上分隔开来，为能源共享创造了基础条件。其强可控性可以为电力系统的调节能力提供有力的补充。新型储能技术将成为构建新型电力系统的重要基石，有望在电网的主动可调性和安全支撑等方面发挥关键作用。

新型电力系统对电力生产的每一环节都提出了新的要求，为源网荷储的未来发展指明了方向。但构建这样一个系统并非一蹴而就，它涉及电力系统的物质和技术基础的深刻变革，面临诸多挑战。考虑到能源电力行业的高技术和高资金需求以及已形成的巨大资产存量，应采取逐步过渡的方式，循序渐进地推进新型电力系统的建设。

具体来说，需要推动新能源体系向清洁低碳方向发展，稳步发展水电，安全推进核电，加速光伏和风电的发展，并完善清洁能源的长期消纳机制，以此推动低碳清洁能源逐渐替代高碳能源，可再生能源替代化石能源。

在近期，新能源的快速发展需求迫切，需要成熟、经济、有效的技术解决方案来应对挑战。而从长远来看，现有的电力系统基础还无法满足新型电力系统的需求，因此需要在大规模储能、高效电氢转换、CCUS、纯直流组网等颠覆性技术上取得突破。这些不同的技术将引导电力系统向不同的形态发展，未来的发展路径存在很大的不确定性。当前的重点是挖掘成熟技术的潜力，以支持新能源的快速发展，并同时进行颠覆性技术的研发。当这些颠覆性技术取得突破后，将推动电力系统逐步向适应这些新技术的新形态转变。

在传统电力系统向新型电力系统转型的过渡阶段，电力行业可以从以下几个方面出发，助力新型电力系统的建设发展。

（1）促进火电角色的转变。随着新能源机组占比的提升，火电将逐渐从主要的电力供应者转变为保障者。火电机组的逐步退出可能会对经济和社会产生影响。因此，政府和企业应加强沟通和引导，制定合理的政策和措施，以最小的经济损失平稳地关停火电机组。

（2）支持分布式电源的发展。为了减轻大电网的供电压力，未来新型电力系统将大量并网分布式可再生电源。政府和电网应制定相关政策，鼓励分布式可再生电源的并网，既要保障用户侧电源的效益，又要合理控制政府补贴的支出。

（3）合理调整可再生能源的激励政策。在新型电力系统建设初期，高电价和补贴政策能快速提升可再生能源的渗透率。但当系统过渡到高比例可再生能源时，过高的电价会过度刺激可再生能源的发展，加剧能源浪费。因此，应根据发展阶段动态调整激励政策。

（4）推动核心技术装备的国产化。新能源机组对设备性能和工艺要求较高，但国内企业仍无法完全保障相关设备的制造。政府应制定政策激励企业提高技术水平和工艺能力。

（5）构建新型电力市场。随着新型电力系统的建设加速，可再生能源发电机组的占比将越来越高。传统的电力市场由于其市场化程度低和法律建设不完善，已无法满足新型电力系统的需求。因此，电网需要创新营销模式，建立新型电价体系，并合理利用新兴技术，最终建立新型电力市场体系。

（6）推动能源行业的互联互通。在新型电力系统的建设过程中，加强与交通、供热、供气等行业的联系，为实现全行业能源的可再生化奠定基础，推动能源互联网的进一步发展。

4.1.2　新型电力系统架构研究现状

随着清洁能源的大规模接入和电力系统安全运行的需求，储能在电力系统中的角色越来越重要。新型电力系统的架构正在从“源网荷”向“源网荷储”转变，这种转型受到两个一体化政策的推动。因此，关于新型电力系统源、网、荷、储的发展重点以及它们之间的优化互动，逐渐成为研究的焦点。

在源、网、荷、储各自的发展重点研究中，不同的环节有不同的研究重心。电源侧的研究主要集中在新型电力系统的规划问题上，例如，有研究提出了在考虑分布式电源和电动汽车的情况下的系统规划方案。而电网侧、负荷侧和储能侧的研究，则更多地关注如何提升系统的调节灵活性，以及如何缓解电力平衡的问题。例如，有电网侧的研究提出了应积极探索安全高效运行、数字化转型以及广泛互联等技术的优化；负荷侧的研究构建了基于改进CVaR的P2G综合能源系统调度优化模型，以提升系统灵活利用新能源的能力；储能侧的研究则指出，储能的发展应立足于服务主体多元、调控体系多层、价值多维的新型电力系统，并在与市场的互动中不断完善政策、加强技术攻关和探索商业模式。

在“源网荷储”一体化优化互动的研究中，关于“源网协调”和“源荷互动”的研究相对较少，目前主要集中在“源源互补”优化调度和园区级的

“网荷互动”优化调度上。例如，有研究通过构建包含风光水火储的综合能源互补系统的调度优化模型，提出了基于储能运行方式变化的调度建议；还有研究针对互补能源的供给侧多方协调性不佳的问题，构建了不确定的双层规划优化调度模型，以提升多能源互补性；另有研究构建了以风光燃气轮机为供给的气电虚拟电厂随机调度优化模型，并通过实证分析验证了虚拟电厂参与需求响应的经济效益和环境效益；还有研究通过优化设计冷、热、电价，提出了园区综合能源系统参与需求响应可以提高能源利用效率并降低系统用能成本。

综合来看，“源网荷储”一体化优化调度是新型电力系统建设的核心。这不仅可以保障电力系统的安全可靠运行，提升电力系统的灵活可控性，从而支持新能源的大规模接入，还通过能源价格作为桥梁，对多个参与主体的能源需求进行优化调度，这也能有效提升各主体的经济效益和能源的整体利用效率。

4.1.3 新型电力系统综合评价研究现状

在传统电力系统的综合评价中，安全性、经济性和可靠性通常是主要的考量点。然而，随着我国在“双碳”目标驱动下向清洁低碳能源的转型，电力系统的运行特点正在发生改变。大量接入的清洁能源，尽管其间歇性和波动性较强，不仅推动了电力系统的清洁运行和可持续发展，同时也增加了电力供应的不确定性，对电力系统的安全性和可靠性提出了新的挑战。

构建以新能源为主导的新型电力系统，是实现电力行业碳减排和“双碳”目标的重要途径。当前，这一系统的建设路径仍在探索之中。随着市场机制的逐步完善和“源网荷储”一体化的深入发展，电力系统的内部结构日趋复杂。因此，相比传统电力系统，新型电力系统的综合评价更为复杂，需要考量的维度也更为广泛。

目前，已有学者对新型电力系统的综合评价进行了研究。在构建新型电力系统综合评价指标体系方面，有研究从经济、可靠、能源利用、技术和环保五个角度进行了分析；有的则考虑了电力设备、绿色电力、稳定供电和智能用电等四个维度；还有研究基于系统的“源、网、荷、储”结构建立了评价指标体系；另有研究从能源供应、配置、消费、技术、机制等方面选取了评价指标。

在新型电力系统综合评价功能方面，有研究从可靠性和标准速率两个角度出发，构建了基于GC-TOPSIS的评价模型，以评估电源侧的供能质量；还有研究以“发电、电网与负荷”为系统评价的内部要素，全面评价了新型电力系统的可靠、高效、绿色和智能效果；另有研究建立了基于D-IFAHP的发电企业绿色管理效果评价模型，以评估发电企业的低碳可持续性和绿色运营效益；还有研究从绿色发展和安全高效两个层面出发，构建了配电网的综合评价指标体系，以确保配电网在安全运行的前提下，及时调整其绿色发展态势。

总体来看，由于清洁能源的接入，新型电力系统的综合评价在安全、可靠、经济等方面的考量更为全面。同时，清洁低碳和灵活可控的特性也逐渐成为评价新型电力系统的重要标准。

4.2 新型电力系统构建“源网荷储”新生态

实现“碳达峰、碳中和”已成为全球各大经济体的共同追求，这也是我国的一项重大策略。达到“双碳”目标是一个复杂的系统工程，其关键环节在于调整能源结构并提升能源使用效率。在这个过程中，能源领域是主攻方向，而电力系统的创新则处于核心地位。这为构建新型电力系统提供了时代契机和理论基础。

电力系统是一个由发电、输电、变电、配电、用电等各个环节紧密连接组成的整体。在构建新型电力系统的过程中，传统的电力架构、发展方式、利益关系和技术特性都将经历深刻的变革。随着新能源利用率的提高，电力系统将逐渐显现出其“双高”特性，即高比例的新能源接入和高比例的电力电子设备应用。新能源发电具有随机性、波动性和分散性，这将导致电源侧的输出波动增大，负荷侧的不确定性增加，进而加大了电力系统的功率平衡压力，增加了电网安全运行的风险。

在构建新型电力系统的过程中，将会催生出大量的新技术和新业务模式，导致电力系统的“源网荷”生态发生显著变化。具体表现为，能源生产端将形成多元化的清洁能源供应体系，其中以风电、光伏等新能源发电为主体，而化石能源将转变为提供基础保障、调节和支撑的角色；在电网侧，将出现交流电网与直流电网混合、大型电网与各种形态的电网并存的情况，传统的大型电网将与局域网互补发展；在负荷侧，电气化水平将大幅提高，能源使用模式将向多种能源互补、源荷互动的方向发展。

4.2.1 发电侧：新能源为主体，煤电兜底保障

在构建新型电力系统的旅途中，可再生能源与化石燃料之间的较量将从直接对立逐渐演变为和谐共生。

实现“双碳”目标为可再生能源的迅猛发展开辟了广阔道路。风力发电和太阳能光伏发电成为电力供应的主力军。从规模上看，可再生能源的装机容量和发电量占比将显著提升。

目前，我国可再生能源发电总装机容量已达到相当规模，且增长迅速，占全国总装机容量的比重持续增加。在“双碳”战略的推动下，预计未来几年可再生能源将实现跨越式发展，年均新增规模有望进一步扩大。预计到2025年，我国可再生能源发电累计装机容量将突破新的高度，其占比和发电量占比都将有显著提升。

有研究显示，到2030年，风能和太阳能的总装机容量将达到新的高点，而非水力可再生能源的发电装机占比将在未来几十年内持续增长，最终超越煤电。全球能源互联网发展合作组织更是对清洁能源的发展持乐观态度，他们预测到本世纪中叶，中国的清洁能源装机将占据主导地位，实现能源生产体系的全面转型。对于煤电而言，其总量应在不久的将来达到峰值，并逐渐

实现近零排放，最终在本世纪中后期完全退出电力系统。[①]

随着风能和太阳能的大规模发展，同时受益于技术进步和成本降低的双重驱动，氢能等新型能源的应用市场也将进一步拓展。此外，水力发电、生物质能发电和光热发电等也将构成多元化的非化石能源生态。在此背景下，可再生能源不仅需要承担电力系统安全稳定运行的重任，还需要具备一定的主动支撑、系统调节和故障穿越能力，以分担电力系统成本上升的压力。

尽管化石能源电源的占比下降是大势所趋，但其角色将从基础电源转变为调节电源，承担起兜底保障、调节和支撑的功能。然而，煤电的战略地位仍然不可忽视。在特殊情况下，如风能和太阳能发电减少时，煤电需要承担起保障电力系统实时平衡的重任。

在未来的能源生产方式中，电源生态将呈现大中小容量并存、集中式和分布式布局并存以及并网和离网运营并存的特点。随着可再生能源的高比例接入，集中式和分布式发电将并重发展，包括大规模的风光基地、海上风电基地以及大量的分布式电源。

4.2.2 电网侧：大电网与微网共荣共生

电网作为电力系统的核心，在调度、控制和管理中扮演着举足轻重的角色。随着新型电力系统的运行模式的出现，电网企业的角色定位、商业模型和运营特性也在经历着深刻的变革。

在全球电力工业长达180年的发展过程中，前150年主要是以大电网为主导。然而，随着分布式电源、微电网和局域网等的涌现，大电网与这些小型电网开始走向融合。大电网的公共属性将进一步凸显，主要负责跨地区和远距离的电力资源输送与分配，而配网侧的资源配置则更加注重响应用户负荷

① 郝伟韬，蔡国田，卢俊曈，等.源网荷储互动减碳研究综述[J].广东电力，2023，36（11）：64-74.

的变化，肩负起确保区域电力安全稳定运行的底线责任。

在新型电力系统的背景下，电网的运营生态展现出以下特点：首先，为了支持大规模新能源的并网和消纳，特高压外送通道的投资规模正在不断扩大；其次，随着微电网、局域网和大规模柔性直流等新型组网技术的迅速发展，大电网与这些小型电网开始融合，交流大电网与交直流配网并存；再次，配网正逐步向智能柔性的主动配电网转型，具备了更强的灵活控制和运营能力，能够支持分布式新能源、电动汽车、储能设备以及分布式发电设备的大规模接入，满足功率双向流动和多元化负荷的用电需求；最后，电网正与其他类型的网络如管网、通信网、电视网和交通网等实现融合共治，共同参与智慧城市和智慧生活的建设，从而形成一个数字化的智能电力生态系统。

从投资的角度来看，为了确保电网的安全和稳定运行，国内对特高压和柔性直流的投资预计将会加速。同时，具备灵活性调节能力的资产，如电化学储能、抽水蓄能、氢能、充电桩以及燃煤机组的灵活性改造等，其收益预计将大幅提升。此外，配网侧的一二次融合设备、智能电表和智能开关等智能终端的投资需求也将显著增加。

从技术特征的角度来看，智能电网正利用小微传感、边缘计算、电力物联网和大数据挖掘等先进的技术手段来构建一个具备云-边协同、海量数据处理、数据驱动分析和高度智能化决策等能力的电网平台。这将全面实现电网运营、业务管理和产业融合的数字化。

4.2.3 负荷侧：由源随荷动“转向”源网荷互动

传统电力系统是一个庞大且复杂的能量平衡系统，其生产模式主要是根据电力需求来调整发电。在新型电力系统中，风光能源的高渗透率，以及储能设备、分布式电源和各种可调节负荷的大规模接入，使得发电和需求两侧的预测变得更加困难。

从电力需求侧来看，有几个显著的特点：首先，工业、交通和建筑等领域的电力替代水平有了显著提升；其次，随着能源产品和服务的多样化，水、热、冷、电、气等多种能源已经深度融合，对能源的综合利用和效率提升提出了更高要求；再次，需求侧通过接入各种设备，如储能和分布式发电等，使配电网从单一的消费模式转变为更加复杂、主动的交互模式；最后，通过数字化技术，我们可以全面感知智能互动终端的能源使用状态。

在未来的城市能源管理中，虚拟电厂的控制平台将得到广泛应用。这种平台能够实时收集和处理各种终端设备的电力需求和信息，对分布式发电、可控负荷和储能设备进行实时管理。同时，它还可以与输电网进行实时信息交互，以确保电力的供需平衡。这些信息还可以实时传输到电力和碳交易市场以及电网调度中心，从而构建灵活、分时的虚拟电厂群，更好地响应电网调度和参与电力市场交易。

4.3 “源网荷储”一体化发展的关键举措

区域电能结构质量能全面反映区域内电能在生成、输送、分配至使用过程中的能效和清洁能源利用状况。在全球能源转型、技术升级、电力市场改革及“双碳”战略目标的推动下，电力系统的绿色、低碳、智能化转变已成为必然趋势。为更好地适应电力系统的运作，电力能源结构必须同时满足安全稳定、环保低碳、灵活调控及成本效益四个方面的要求。

“双碳”目标要求电力系统在发展中最大化地提升可再生能源的使用效率和质量，并深入研究“源网荷储”一体化运营技术。同时，“源网荷储”一体化通过“源源互补”“源网协调”“网荷互动”“网储互动”以及“源荷互动”等多重能源交互方式，对电能结构产生潜在影响，推动电能结构以“安全稳定、环保低碳、灵活调控、成本效益”四维目标为指引，实现优质发展。这意味着，多种“源网荷储”交互方式是推动电能结构实现优质优化的有效路径。

4.3.1 “源源互补”途径

“源源互补”是指利用具有互补特性的电源进行协调，以应对清洁能源发电的不确定性和波动性。

4.3.1.1 “源源互补”对电力能源结构质量的影响

随着新能源逐渐占据能源主体位置，与单一发电方式相比，多种能源类型的互补利用能显著提高能源的综合利用效率，并从发电端确保电力系统的稳定运行。这是因为新能源发电具有不确定性，而各种能源在时间和空间上具有互补性。借助储能技术，可以实现能源的跨时段和跨区域利用，从而提升电力系统的整体环保性能。

4.3.1.2 “源源互补”典型模式

“源源互补”能够整合多种能源资源（图4-1），并针对各种能源进行综合利用。“源源互补”的核心是提高风能和太阳能的利用率。为了弥补这两种能源在调节能力上的不足，也常采用与储能、火电和水电相结合的方式。以下是几种典型的“源源互补”模式。

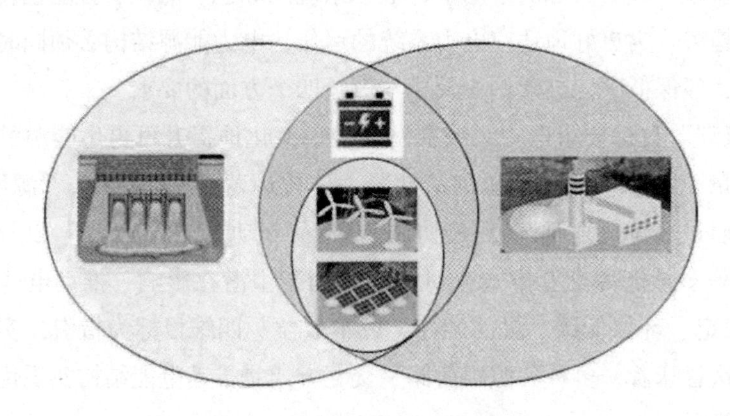

图4-1 “源源互补”典型模式

（1）风–光互补能源系统。风电和太阳能发电都具有较大的波动性和不确定性。但它们在出力上存在明显的时间互补性：白天阳光强烈，夜间风速较大；夏季阳光充足、风速较小，而冬春季节风力较大、阳光较弱。风电与太阳能互补可以有效减少各自单独发电的不确定性，从而减少对并网系统对风电和太阳能接入的容量限制。

（2）风–光–储互补能源系统。这种模式是在风电与太阳能互补的基础上增加储能设备。储能设备可以存储和释放新能源电能，补偿风电和太阳能发电的波动性。储能设备还可以作为供电设备，在新能源间歇发电时为负荷提供稳定可靠的电力供应，确保电力系统的稳定运行。

（3）风–光–水（储）互补能源系统。我国的资源分布具有区域性特点，风电、太阳能和水电之间存在较强的时空互补性。例如，在西北、华北和东北等内陆地区，风力资源的季节性分布特征为冬春季风大、夏秋季风小，这与水资源的夏秋季丰富、冬春季枯竭形成互补。建设抽水蓄能系统或配置一定比例的储能设备，可以形成风电、太阳能与水电（或储能）的互补系统。在枯水季节，风电和太阳能发电增加，水电的快速启停功能可以确保风电和太阳能的优先输送；在丰水季节，风电和太阳能发电减少，水电可以增加甚至满负荷发电。这种互补方式，可以实现清洁能源的平稳输出，确保电网的安全稳定运行。

（4）风–光–火（储）互补能源系统。这种互补模式是面向现有煤电基础设施的。其中，风电和太阳能（或储能）承担主要电力供应责任，而现有的煤电机组经过灵活性改造后主要承担调节责任。互补系统就近打包输送新能源电力。这种模式可以有效利用剩余的输电通道，发挥现有火电的灵活性调节能力，在实现风电和太阳能资源规模开发的同时，确保传统火电的有序退出，既经济又环保。

4.3.1.3　“源源互补”建设保障

2021年3月，国家发展改革委和国家能源局发布了相关政策文件，明确了推进多能互补对提升可再生能源消纳的重要性。2022年1月，又进一步强调了要科学优化电源规模配比，优先利用现有常规电源实施多能互补工程。

从政策导向上看，“源源互补”在能源供应侧的实施是提高能源利用效率、降低新型电力系统运行风险的重要途径。相关政策的发布也为“源源互补”建设提供了重要保障，对清洁能源互补建设具有引导作用。

4.3.2 “源网协调”途径

“源网协调”是指利用先进的电网调控技术来应对可再生能源并网的不稳定性，同时提高电网的灵活调度能力。

4.3.2.1 “源网协调”对电力电能结构质量的影响

“源网协调”主要反映为电网对可再生能源的感知、预测能力以及可再生能源对电网电压和频率波动的抗干扰能力。随着可再生能源的大规模应用，我们需要运用技术手段来实现“电网与能源协调”，从而提升电网对可再生能源接入的管理能力，推动可再生能源从不稳定能源向更加灵活和可控的能源转变。这将有助于提高可再生能源在电力供应中的占比，进而促进电力能源结构的清洁、低碳和安全性。

4.3.2.2 “源网协调”典型方案

为了实现清洁能源的大规模应用，“源网协调”变得至关重要。以下是几种典型的实施策略。

（1）以高精度的监测装置提升电网感知能力。

可再生能源机组的运行动态复杂，其实时数据的上传常面临挑战，导致传统电网难以全面掌握其运行状态。通过在电站安装高精度监控，我们可以全方位地感知包括可再生能源在内的各种能源机组的状态。结合直流和柔性交流输电系统，电网可以实时感知、控制和评估其可控资源。

（2）以多尺度分级滚动预测提升电网预测能力。

可再生能源的发电具有随机性，给电力系统的稳定性带来了挑战。一方面，其无功调节能力未得到充分利用，导致电网电压容易波动；另一方面，其出力的不稳定也增加了电网有功调节的难度。通过多层次、连续性的预测，我们可以更有效地管理和控制可再生能源。同时，采用创新技术充分挖掘可再生能源在电网电压调节中的潜力，有助于解决其出力波动带来的调节问题。

（3）以新能源一、二次设备耐压/耐频改造提升电网抗扰动能力。

当电网发生扰动时，特别是电压和频率超出范围时，电网末端的可再生能源机组往往遭受更大的电压波动。而这些机组的耐压和耐频能力有限，可能引发连锁的脱网事故，对电力系统的稳定运行构成威胁。对这些机组进行耐压和耐频的改造，可以扩大其对电压和频率的接受范围，从而提高其对电网异常的抗干扰能力。

4.3.2.3 “源网协调”建设保障

随着可再生能源的不断发展，电力系统中的电力电子设备将越来越普及，电网的形态也将发生深刻变革。因此，“电网与能源协调”必须始终依赖于创新技术作为其发展的支撑。例如，随着可再生能源在电力结构中的占比逐渐增加，电网的波动性可能会进一步加剧。目前通过耐压和耐频改造来提升电网稳定性的方案可能不足以确保可再生能源机组的安全运行。因此，还需要通过技术创新来扩大电力系统对频率波动的容忍范围，进一步完善可再生能源的抗干扰能力。

4.3.3 “网荷互动”途径

“网荷互动”是通过激励措施，使负荷成为电网的可调资源，利用负荷调节来确保电网的安全运行。

4.3.3.1 “网荷互动”对电力能源结构质量的影响

在追求“双碳”目标的背景下，能源的清洁化转型导致电力系统的电源侧与负荷侧的匹配度下降。“电网与负荷互动”能够从负荷侧改变其分布特性，一方面，它可以促使负荷的利用时段向电网供电能力较强的时段集中，例如，通过用户侧的需求响应进行削峰填谷。另一方面，它还可以在电网供电能力较弱的时段，将负荷侧集群转化为虚拟电厂，向电网反向供电。因此，“电网与负荷互动”通过建立电网与负荷侧的双向互动机制，提高了电力的可控性，从而确保了电力系统的安全运行，并推动电源结构和负荷结构向更清洁的方向发展。同时，负荷侧通过市场手段参与“电网与负荷互动”，还能有效提升电力系统的经济性。

4.3.3.2 “网荷互动”典型模式

“网荷互动”的核心是实现负荷的柔性化。目前，其典型模式主要包括用户侧的需求响应和虚拟电厂。

（1）用户侧需求响应

需求响应是通过政策激励或价格机制来影响并改变消费侧的能源使用模式，它是保障电力系统稳定运行的一种短期响应手段。其面向的用户侧主体可以分为分布式电源用户、电动汽车用户和分布式储能用户。

用户侧参与需求响应的主要途径有：分布式电源用户需要与柔性负荷协同工作，以降低参与调度的资源的波动性，并利用市场机制通过价格信号引导分布式电源调整其输出；电动汽车用户可以选择单独参与需求响应、与其他主体联合参与、在峰时段单独供电或提供电网调频等方式参与；分布式储能用户可以通过多种方式与电源侧、分布式电源、充电桩等联合参与需求响应。

（2）虚拟电厂

虚拟电厂以“负荷”为核心，通过聚合用户侧的可控负荷，将分布式新能源整合为一个实体，为电网提供电力、调峰、调频和备用等服务。它可以解决分布式新能源的高成本和并网无序的问题，提高其并网能力。同时，通过优化运行控制和市场交易，可以实现消费侧的多能源互补和负荷侧的灵活互动。虚拟电厂可以根据聚合资源的不同，分为电动汽车供电型和智能园区供电型等多种形式。

以电动汽车为核心的虚拟电厂，主要利用V2G技术进行“车–桩–网”的互动，这可以有效地促进需求侧资源的协调运行。当电网负荷过高时，电动汽车集群可以向电网放电以补充电网；当电网负荷过低时，电动汽车集群可以充电以存储电网的电能。此外，电动汽车集群还可以作为储能装置来调控负荷，从而提高电网的效率和可靠性。

以智能园区为核心的虚拟电厂中，用户侧的电能消费方式有所不同。用户的终端设备可以通过信息互联和能量互动实现智能用电以及电能与信息的双向交互。此外，智能园区的代理商可以聚合智能楼宇，利用楼宇间用电行为的互补性和交互关系来满足供需的就地平衡和能源的就近消纳。这不仅可以降低电能的传输成本，还可以发挥资源共享的优势，间接为线路扩容，实现降本增效。

虚拟电厂典型用能方式如图4–2所示。

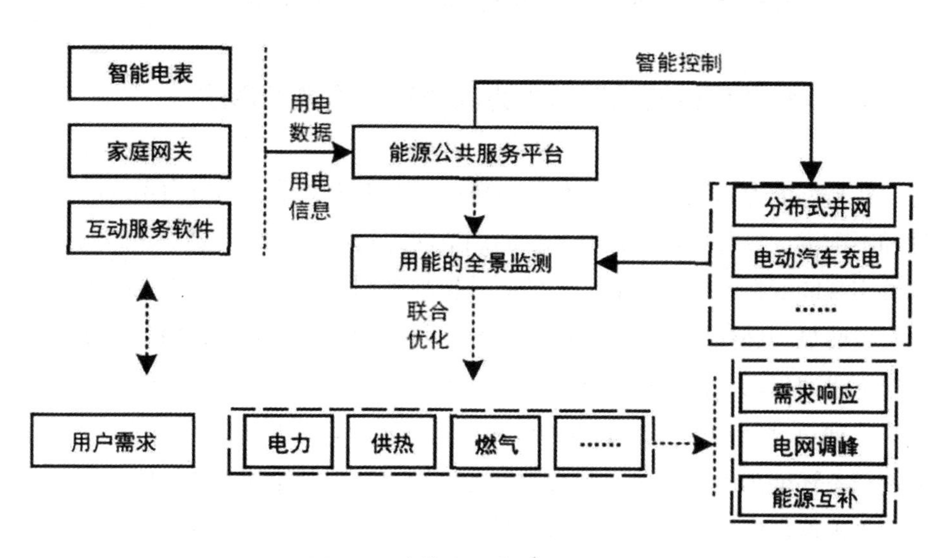

图4–2 虚拟电厂典型用能方式

（3）“网荷互动”建设保障

为了实现电网与负荷的有序互动，负荷侧需要参与市场化交易，并遵循相应的管理和运营机制。同时，政策机制可以为“电网与负荷互动”提供明确和广阔的市场前景，并为企业创造良好的生产经营环境。此外，市场化交易政策还是确保各参与主体获得经济效益的重要基础。例如，《“十四五”现代能源体系规划》提出要积极开展各类资源的聚合虚拟电厂；《关于完善能源绿色低碳转型体制机制和政策措施的意见》也提出要拓宽需求响应的实施范围并挖掘各类需求侧资源。在国家产业政策的重点支持下，“电网与负荷互动”的商业模式将逐渐完善，从而有效保障虚拟电厂等“电网与负荷互动”模式的发展与创新。

4.3.4 “网储互动”途径

“网储互动”是指利用储能装置的高效、稳定、精确的双向调节功能，为电网提供各种服务，如调峰、调频、备用及需求响应等。

4.3.4.1 “网储互动”对电力能源结构质量的影响

在新型电力系统建设中，传统电源的调节能力受限，而电力系统的复杂性和不确定性日益增加，这对系统的调节能力提出了更高的要求。储能技术能够实现能源在不同时间和空间的有效转移和利用，因此在电力系统中的作用日益凸显。储能电站的快速响应特性使其成为有效的旋转备用，能在紧急情况下迅速启动，确保区域电网的稳定供电。同时，储能电站还能作为调峰工具，通过储能和放能来平衡负荷峰谷差，控制区域内的负荷水平。此外，储能设备还能为电网提供有功功率支持，进行有功补偿和无功补偿，从而平稳区域电网的电压波动。通过这种互动，我们可以更有效地利用储能技术存储的清洁能源，提高电网的传输和分配能力，进而提升清洁能源的利用效率，并改善电能供给和负荷结构的清洁性。

4.3.4.2 “网储互动”典型模式

“网储互动”是确保电网稳定运行的关键策略。目前，储能参与这种互动的主要模式包括辅助服务市场参与、现货电能量市场参与以及共享租赁等。

（1）参与辅助服务市场。随着新能源接入规模的扩大，电网的平衡和控制压力也随之增加。储能参与辅助服务市场主要提供调峰和调频服务。其收入来源于响应电网指令，在高峰时段放电、在电力充裕时充电的调峰服务，以及基于调节里程的调频服务补偿。

储能参与电网调度，满足电网的调峰调频需求，可以有效提升电网资产的利用率，缓解配电网架构的薄弱环节和负荷峰谷差带来的问题。

（2）参与现货电能量市场。储能被视为同时具有用电和发电功能的电站，有能力以独立主体身份参与电能量市场。其收入主要来源于利用峰谷电价差进行套利。在某些地区，政策允许独立储能电站自主选择参与调频市场或电能量市场。在电能量市场中，储能电站享有优先出清的权利；在调频市场中，储能电站需要与发电机组进行公平竞争。

（3）共享租赁。共享储能是一种创新的商业模式，其中储能的投资和运维由第三方或制造商负责，而储能需求用户则通过租赁方式获得所需的功率和容量，并支付相应的租金。这种模式的收益分配遵循“谁受益、谁付费”的原则。

电网可以通过租赁储能来利用其调峰调频等功能，实现内部的电网与储能互动，降低辅助服务成本，并提高电网的运行稳定性。

4.3.4.3 “网储互动”建设保障

近年来，国家发展改革委、国家能源局等权威部门发布了一系列政策文件，如《关于加快推动新型储能发展的指导意见》和《“十四五”可再生能源发展规划》，明确提出了新型储能的发展目标和市场主体地位。这些储能规划政策为储能建设提供了坚实的保障。同时，储能的规模化和商业化也是实现“电网与储能互动”的基础条件。

为了确保经济效益，“电网与储能互动”还需要依托电力市场化交易规则和完善的电价政策。随着市场机制、商业模式和标准体系与电力系统各环节的深度融合发展，储能的应用场景将更加广泛，“电网与储能互动”的活力也将进一步增强。

4.3.5 “源荷互动”途径

“源荷互动”是指通过电源和负载之间的动态互动，优化电力供需平衡，提升电力资源的合理使用效率。这种策略利用电源和负载的广泛分布特性，将两者都作为可调节的资源，共同参与电力系统的供需调控。

4.3.5.1 “源荷互动”对电力能源结构质量的影响

电源的灵活性和负载的灵活性是电力供应侧和需求侧平衡的两个核心要素。这两者是推动电力系统从“电源跟随负载”向“电源与负载交互”转变的关键力量。要实现这一转变，必须以电力企业的数字化转型和创新改革为路径，深入挖掘电力系统发电与用电联合调度的优化潜力，提升电网状态监测和故障处理能力，从而加强对电力系统的保护与控制。通过这种交互，电源侧和负载侧的综合效率将得到显著提升。

4.3.5.2 “源荷互动”典型模式

“源荷互动”是确保电网稳定运行的重要方式。目前，这种交互的典型模式包括综合能源微网和分散式可再生能源两种。

（1）冷-热-电联供型微电网。冷-热-电联供型微电网集成了多种能源供应设备、负载、能量转换装置以及储能设备，形成了一个综合能源网络系统。这种微网能充分利用高效的天然气能源，实现能源的阶梯利用，满足多样化的能源需求。同时，它能有效整合可再生能源，实现小范围内的能源自给自足，降低长距离电能传输的成本。此外，通过削峰填谷，它还能降低高峰用电需求，从而减轻电力建设成本，提高资产利用率。其典型结构如图4-3所示。

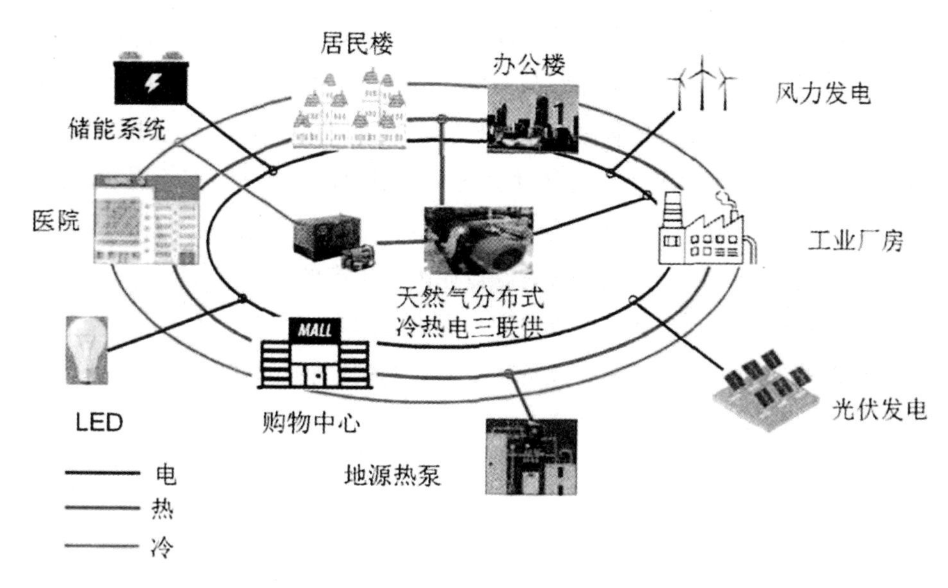

图4-3　冷-热-电联供型微电网典型结构

微电网通过能量管理系统实现自我控制和管理，既可与大电网并网运行，也可孤网运行。在孤网运行状态下，微网内部能实现电源与负载的协调自治；在与大电网并网运行状态下，微网可作为电网的柔性负载，与大电网的电源进行协调互动。

（2）分布式光伏、风电。分布式可再生能源，如光伏发电和风电，具有灵活接入、分散开发、就地消纳和余电上网的特点。当分布式光伏电源的发电量小于用户内部消耗时，配电网会提供补充电力；当发电量大于用户内部消耗时，多余的电量可以输送到配电网，实现动态平衡。同样，当配电网供电能力不足时，分布式电源也能提供一定的电力支持。

风电作为分布式电源接入配电网时，其随机性、间歇性和不可控性可能对系统稳定性和电能质量产生负面影响。然而，通过配套储能设备或光储系统，可以稳定风电资源的输出，并参与电网的调度运行。

分布式可再生能源主要安装在配电网侧和用户侧。从用户侧来看，分布式电源直接供给自用负载，实现电力自给自足；从配电网侧来看，分布式电源可作为备用电源，支撑配电网的供需平衡。

（3）“源荷互动”建设保障。电力企业的数字化技术是“源荷互动”建设的重要支撑。一方面，电源的柔性化需要建立在电源侧生产作业可感知的基础上，通过管理人员的全面监管，提高电源的可操作性；另一方面，负载的柔性化需要建立在对负载侧数据的智能预测和管控基础上，通过构建多源异构数据的融合处理平台，提高对负载的控制和管理能力。结合数据中心、5G基站等功能，是“源荷互动”的技术支撑。基于5G基站推动电网与数字基础设施的融合发展，可以促进能源行业内部生产的可视化，有利于电源侧的柔性化管控；而基于数据中心向用户提供能源数字服务，则可以促进用户负载数据的处理，实现区域内设备运行状态的精准感知和智能预测，有利于负载侧的柔性管控。

第5章　数据中心绿色设计与可持续发展

数据中心绿色设计与可持续发展是当今社会发展的重要趋势。绿色设计强调高能效、低耗能、低污染，旨在通过集约化组合、多核芯片技术、虚拟化和集约化技术等手段，提高数据处理能力并降低能耗。可持续发展则注重经济、社会、环境的平衡协调，确保人类福祉和地球健康。数据中心绿色设计与可持续发展的结合，不仅能减轻环境压力、降低运营成本，还能提高数据服务的可靠性，满足市场对高效、安全的数据服务的需求，为未来的可持续发展奠定坚实基础。

5.1 数据中心绿色设计发展背景

随着互联网技术的突飞猛进，各类数据呈现出爆炸性的增长态势。数据中心，作为多元化数据资源和业务系统的整合处理利器，已经广泛应用于大中型机构中，支撑着搜索、云计算、社交网络等互联网服务的稳健运行，成为现代商业和经济发展的重要支撑。然而，随着数据中心建设规模的不断扩大，土地、电力、水资源及材料消耗等社会资源的总量也在逐年攀升，同时，空置率高、能源利用效率低下等问题也屡见不鲜。

5.1.1 绿色数据中心的含义

“绿色”这一理念广泛而深邃，其在不同领域的应用具有各自独特的内涵，比如绿色建筑强调在全寿命周期内，最大限度地节约资源、保护环境、减少污染，为人们提供健康、舒适且高效的使用空间，追求与自然的和谐共生。这种理念同样适用于数据中心的建设与发展。对于数据中心来说，节能是首要考虑的因素。美国在这方面的研究起步较早，通过实施联邦政府能源管理计划，设立专门的研究机构，发布技术导则，提供最佳实践案例和技术信息以及组织培训等措施，推动数据中心的能效提升。

在我国，节能减排已成为国家发展的重要战略，数据中心作为能源消耗大户，自然成为节能减排的重点关注对象。各地政府纷纷将数据中心列为节能减排的考察重点，并出台相关政策进行限制和引导。例如，北京市就明确规定了新建和扩建数据中心的限制条件，鼓励建设低能耗、高能效的云计算数据中心。

除了节能外，数据中心的节水减排同样重要。数据中心全年供冷，耗水量巨大，因此节水不仅是环保的要求，也是降低运营成本的重要途径。此外，土地资源的合理规划使用和对环境的影响也是绿色数据中心需要考虑的范畴。

目前，不同部门编制的标准对于绿色数据中心的定义虽有所差异，但核心内涵是一致的，即强调数据中心在全生命期的资源节约和环境保护。绿色数据中心的建设与发展，需要我们在实践中不断探索和创新，实现高性能、高可靠性和低碳环保的最佳平衡。

数据中心是一个专用于执行数据计算、存储与传输等任务的重要场所。它不仅包括计算机设备，还涵盖了计算机运行所需的环境以及一系列辅助设施，如监控设备和空调设备等。数据中心承担着高速数据处理和传输的重任，其能量消耗巨大，其中不仅涉及计算机本身的能耗，还包括数据中心环境设置、通风和空调系统等其他方面的能量损耗。

如果对这些方面处理不当，将严重影响数据中心的运行效率和能源利用率。据相关统计，超过60%的企业表示他们的数据中心正面临散热和供电不足等问题，这些问题已成为制约IT基础设施发展的主要瓶颈。在这样的背景下，绿色数据中心应运而生，并逐渐受到越来越多企业和公司的青睐。

绿色数据中心的核心在于其绿色设计理念。企业或公司需根据自身数据中心的实际需求，从设计规划、空调系统配置到计算机硬件和软件系统的选择，全方位贯彻绿色原则。这涉及多个学科技术的融合，包括自动化技术、能源管理等，旨在实现资源和能源的节约，同时确保设计的合理性和数据中心整体效率的提升。

5.1.2　数据中心绿色发展面临的挑战

（1）老旧小数据中心的能效问题亟待解决。随着国家政策的引导，大型数据中心逐渐迈向绿色节能，能效水平稳步提升。然而，众多老旧小数据中心在能效管理方面存在明显短板，由于缺乏必要的认知，运维管理水平低下，节能技术应用滞后，导致它们仍以高能耗维持日常运营。特别是数据中心的IT设备在转换电能时会产生大量热能，为了散热，许多老旧小数据中心的制冷设备能耗占比高达30%~50%，使得PUE值长期维持在2.0以上。

（2）新建数据中心在绿色节能技术应用和运维方面存在不足。在技术实施方面，部分新建数据中心未能充分利用当地优越的气候条件实现免费自然冷却，同时冷冻水供回水温度设置不合理，导致实际运行的PUE值远高于设计值，尤其在二、三线城市这一现象尤为突出。在运维管理层面，由于数据中心设备数量庞大、种类繁多，当前的监控管理系统往往无法满足实际需求，缺乏统一的集中管理，导致运维任务繁重，无法保证数据中心的高效运行和绿色管理水平。

（3）数据中心能耗监测系统亟待完善。当前的数据中心能耗监测系统存在监控不全、数据采集不细的问题。部分数据中心仅关注局部系统或核心部件的性能和能耗，缺乏对整体能耗和IT能耗的全面关注，导致无法准确、全面、多维地反映整个数据中心的能耗分布。此外，市场上的能耗监测系统标准不一，缺乏统一的监控管理规范，精度和点位设置需要进一步优化。缺乏完善的能耗数据，使得数据中心难以实现资源的高效利用和优化配置。

（4）数据中心节能新技术相关标准尚待完善。虽然我国数据中心节能降耗方面已有部分标准基础，但针对节能规划设计、设计能效评估、节能改造及节能评估和验收等方面的标准仍需进一步补充和完善。同时，随着新技术和新业务的快速发展，数据中心产业对技术要求不断提高，技术创新和市场响应速度加快。因此，大量新兴技术和产品也需要相应的标准和规范来保障其应用效果和落地实施。

5.1.3 政策支持推动绿色数据中心发展

我国绿色数据中心的发展始终得益于政策的持续推动与引导。早在2011

年，国务院机关事务管理局就发布了《公共机构节能“十二五”规划》，明确提出“政府先行”的原则，并倡导建立公共机构绿色数据中心标准，积极推动绿色数据中心的建设。

2012年，工业和信息化部进一步发布了《工业节能“十二五”规划》，将数据中心的绿色化建设纳入重点节能工程。该规划强调通过选址优化、设备选型、新技术应用等手段，降低数据中心的能源消耗。

随着时间的推进，政策对绿色数据中心的关注度不断提升。2016年，工业和信息化部发布了《工业绿色发展规划（2016—2020年）》和《信息通信行业发展规划（2016—2020年）》，均明确提出了“加快绿色数据中心建设”的目标，并强调将绿色低碳理念贯穿于数据中心建设的各个环节。到了2017年，工业和信息化部发布了《关于加强“十三五”信息通信业节能减排工作的指导意见》，进一步细化了绿色数据中心的技术推广和节能改造措施，并强调了标准在引导和约束行业节能减排工作中的重要作用。近年来，我国在绿色数据中心建设方面取得了显著进展。2019年，工业和信息化部联合其他相关部门发布了《关于加强绿色数据中心建设的指导意见》，提出了建立健全绿色数据中心标准评价体系和能源资源监管体系的发展目标，并明确了打造先进典型、推广绿色技术产品等具体任务。

此外，为进一步推动绿色数据中心的技术发展和应用，我国还开展了绿色数据中心试点工作和绿色数据中心技术产品征集等活动。这些活动不仅总结了试点经验和做法，还遴选出了一批国家绿色数据中心和绿色数据中心先进适用技术产品，为行业的绿色发展提供了有力支撑。

最新的相关政策方面，我国继续加大对绿色数据中心的扶持力度。例如，最近发布的《关于促进数据中心绿色高质量发展的指导意见》明确指出，要引导数据中心走高效、清洁、集约、循环的绿色发展道路，并提出了一系列具体的政策措施，包括加强标准引领、推动节能降碳、优化布局结构、提高算力能效、促进东西部协同、强化安全保障等。这些政策的出台，将进一步推动我国绿色数据中心的建设和发展。

5.1.4 数据中心能耗现状及政策标准分析

5.1.4.1 数据中心能耗现状

（1）全球发展现状。全球数据中心的新增规模近年来保持相对稳定，服务器的年新增投入使用规模及净增加值也维持在一个相对平稳的水平。展望未来几年，预计数据中心的整体规模将继续保持平稳增长的趋势。

尽管如此，互联网行业的领军企业并未停止对数据中心绿色节能新技术的探索。随着中小数据中心的整合改造和大型数据中心的建设趋势，全球数据中心的平均PUE值有望进一步降低。同时，一些领先的科技公司如谷歌、苹果等已经开始通过购买可再生能源证书的方式，确保所有数据中心采用100%可再生能源，进一步降低数据中心的碳排放量，实现更加环保和可持续的运营。

（2）我国发展情况。根据中国信息通信研究院的最新数据，我国数据中心机架规模呈现出平稳增长的态势，其中大型以上数据中心成为推动增长的主要力量。自2013年以来，我国数据中心总体规模持续快速增长。至2022年底，我国在用数据中心机架总规模已突破650万架，近五年的年均复合增速超过30%，算力总规模更是达到了180EFLOPS（FP32），位居全球第二。

特别值得一提的是，大型以上数据中心的机架规模增长尤为迅速。按照标准机架2.5kW进行统计，机架规模已超过540万架，占比超过80%，显示出其在数据中心整体发展中的重要地位。

在能效方面，至2022年底，全国在用超大型数据中心的平均PUE值为1.36，大型数据中心的平均PUE值为1.42，最优水平更是达到了1.02。这显示出我国数据中心在能效管理方面的持续优化和进步。同时，全国规划在建数据中心的平均设计PUE值为1.32，其中在建超大型和大型数据中心的平均设计PUE值分别为1.28和1.29，预示着未来数据中心能效水平的进一步提升。然而，随着数据中心规模的扩大，能耗问题也日益凸显。2021年我国数据中心能耗总量达到1116亿千瓦时，碳排放量超过7000万吨。尽管近年来我国在数据中心能效管理方面取得了一定成效，但能耗和碳排放问题仍不容忽视。

2022年我国数据中心能耗总量已达到1300亿千瓦时，同比增长16%。预计到2030年，能耗总量将增至约3800亿千瓦时。如果不采用绿色能源，碳排放总量可能突破2亿吨，约占全国总碳排放量的2%，对环境造成巨大压力。因此，未来我国数据中心在继续扩大规模的同时，必须更加注重能效提升和绿色能源的使用，以实现可持续发展。

5.1.4.2　数据中心能耗政策标准分析

1.政策分析

我国积极引导数据中心布局均衡、绿色低碳发展，从国家到地方发布了一系列关于数据中心高效节能的政策文件。

（1）国家层面政策。为落实国务院《“十三五”节能减排综合工作方案》，国家发展和改革委员会联合工业和信息化部等七部委于2019年发布了《绿色高效制冷行动方案》，提出加快制定数据中心能效标准，并推动实施制冷系统能效提升工程。

2020年，国家层面继续加大力度，工业和信息化部等六部门联合开展国家绿色数据中心评选活动，推荐能效水平高、技术先进、管理完善的数据中心，以引导行业完善PUE和WUE的监测与管理，并推广绿色技术和清洁能源的使用，提高能源资源利用效率。

随着网络强国、数字中国、国家大数据和“双碳”目标的提出，国家对于数据中心绿色高质量发展的要求更为明确。2020年底，国家发展和改革委员会等四部委联合发布了《关于加快构建全国一体化大数据中心协同创新体系的指导意见》，要求加强顶层设计，制定数据中心能源效率国家标准，并设定了到2025年新建大型和超大型数据中心平均电能利用效率降到1.3以下的目标。

（2）地方层面政策。热点地区为应对数据中心建设的高需求和资源紧张问题，纷纷提高建设门槛，并强化技术引导以提升能效。

以北京为例，近年来陆续更新了《北京市新增产业的禁止和限制目录》，并发布了多项关于加快数据中心建设和能效提升的政策文件。其中，明确提出了新建云数据中心PUE值不应高于1.3的目标，并加强对数据中心项目节能审查的规定。同时，还发布了低效数据中心综合治理工作方案，以持续加强数据中心能效治理。

上海也积极推进数据中心的绿色节能发展，发布了一系列行动计划和指导意见。其中，不仅提出了对数据中心能耗的限制要求，还鼓励使用可再生能源，并加速升级改造小散老旧数据中心。

深圳则要求数据中心重点用能单位建设能耗在线监测系统，并与广东省重点用能单位能耗监测平台对接，以便更好地监管和优化数据中心的能效。

为缓解热点地区数据中心供不应求的问题，周边地区如河北、天津、内蒙古、江苏等地纷纷出台政策，激励数据中心快速发展，提升承接热点地区外溢需求的能力。这些地区利用自身的能源和气候优势，规划建设数据中心集聚区，并提出降低运营成本、优先支持参与电力直接交易等政策措施。

中西部地区则鼓励找准定位促发展。尽管西部地区能源充足、气候适宜，但由于距离热点地区用户较远，部分省份数据中心存在供大于求的情况。因此，一些省份如青海、甘肃等提出培育和打造立足本省、面向全国的云计算数据中心与灾备中心，同时引导传统数据中心升级改造，向规模化、绿色化方向发展。

总体来看，我国数据中心行业在绿色发展方面取得了积极进展，但仍需进一步加强政策引导和技术创新，推动数据中心行业实现高质量发展。

2.标准分析

GB 40879—2021《数据中心能效限定值及能效等级》于2021年10月11日正式发布，并自2022年11月1日起实施。该标准将数据中心能效等级明确划分为三个级别。

数据中心能效等级的判定需满足两个核心条件：首先，数据中心的电能比在设计阶段、特性工况法测算以及全年测算（如存在）时的数值，均需符合对应等级的规定；其次，特性工况法测算的电能比和全年测算的电能比（如存在）应小于设计值的1.05倍。

其中，数据中心的电能比设计值指的是总耗电量与信息设备耗电量的规划设计值之比；特性工况法测算值是基于五个特性工况点方法得出的电能比数据；而全年测算值则是基于全年耗电量计算出的数据中心电能比。通过这些标准的严格判定，可以确保数据中心在能效方面达到既定的要求，推动行业的绿色发展。

5.1.5　我国绿色数据中心相关技术标准与主要内容

建设与IT两大行业都已深刻认识到绿色数据中心的重要性，这一话题在业界引发了广泛的讨论。在绿色数据中心发展的初期阶段，由于缺乏明确的衡量标准，行业从业者普遍意识到，仅仅购买新一代产品并不意味着实现了数据中心的绿色化，高效的数据中心也并非必然等同于绿色数据中心。然而，关于绿色数据中心的定义和评价标准，行业内一直未能达成共识。

5.1.5.1　住房和城乡建设部《绿色数据中心建筑评价技术细则》(48)

建筑作为数据中心的基石，其规划、设计、选材及建造过程对后续节能技术的选择和改建扩容能力具有决定性的影响。因此，为规范和指导数据中心建筑的绿色评价，住房和城乡建设部于2015年12月发布了《绿色数据中心建筑评价技术细则》(以下简称《细则》)。这一细则作为国家标准《绿色建筑评价标准》的补充，进一步完善了评价体系，为数据中心建筑的绿色发展提供了明确的方向。

《细则》中设置了七大类评价指标，包括节地与室外环境、节能与能源利用、节水与水资源利用、节材与材料资源利用、室内环境质量、施工管理以及运营管理。通过控制项、评分项和加分项的综合评价，最终得出项目总得分，进而评定绿色数据中心建筑的星级。

考虑到数据中心可能经历的新建、改建和扩建等建设阶段，《细则》的适用范围广泛，涵盖了各类数据中心建筑的评价。然而，对于功能混合型的数据中心，当其他功能区域的资源消耗和环境影响超过数据中心功能区域时，直接使用《细则》评价可能导致结论的科学性受到影响。因此，《细则》明确规定，参与评价的建筑中数据中心功能区域的比例必须大于60%，以确保评价的准确性和合理性。

《细则》的技术内容涵盖了多个方面，包括数据中心建筑的选址、节能、节水、节材、室内环境、施工管理和运营管理等。

在节地与室外环境方面，针对数据中心建筑选址的特殊性，要求考虑雷电防治、基础设施的稳定可靠性、自然冷源的利用以及电磁干扰的防控。同时，考虑到数据中心建筑的特殊性，对其容积率的要求也进行了适当调整。

在节能与能源利用方面，主要关注数据中心的IT设备以及辅助设备的能耗。通过采用PUE值和EUE值来反映能耗的相对关系，并对部分负荷运行方案进行优化。此外，还强调围护结构的优化、空调制冷效果的提升以及谐波治理措施的实施。

在节水与水资源利用方面，鉴于数据中心的主要用水量来自冷却塔补水，因此提出了相应的节水要求。同时，为确保设备安全，对制冷、加湿、办公等用水的安全性也进行了强调。

在节材与材料资源利用方面，考虑到不规则形体设计对成本和围护结构热平衡的影响，提出了分值控制不规则建筑形体的设计要求。此外，还对数据中心的选材提出了特殊要求，以确保材料的功能性和耐久性。

在室内环境质量方面，由于数据中心的室内环境主要服务于IT设备，因此评价指标和要求与常规建筑存在显著差异，包括气流组织优化、空气质量保障和噪声控制等方面的要求，以确保IT设备的运行安全和节能。

在施工管理和运营管理方面，强调了数据中心正式交付前的带载测试的重要性，以确保其后续的稳定运行。同时，对数据中心的绿色施工和运营管理也提出了具体要求，以促进其可持续发展。

5.1.5.2 中国电子学会标准《绿色数据中心评估准则》(T/CIE 049—2018)(4.07)

在《工业和信息化部、国家机关事务管理局、国家能源局关于加强绿色数据中心建设的指导意见》中，明确提出了建立自我评价、社会评价和政府引导相结合的绿色数据中心评价机制，并强调要遴选出绿色数据中心的优秀典型。为了深入贯彻落实这一意见，为绿色数据中心的评价提供明确的标准依据，工业和信息化部节能与综合利用司积极行动，由中国电子学会组织并于2018年5月5日发布了《绿色数据中心评估准则》（T/CIE 049-2018，以下简称《准则》）。这一准则的出台，为绿色数据中心的评估提供了重要的指导和规范。

《准则》详细规定了绿色数据中心在电能使用效率、节能措施、能源管理制度、水资源利用、资源循环利用、有害物质控制、可再生能源利用和基础设施环境等方面应达到的标准和要求。它广泛适用于各类规模和业务领域的绿色数据中心的评估工作。无论是位于一组建筑物、一幢建筑物还是一幢建筑物的部分的数据中心，都可以作为评估对象。当评估对象涉及多个建筑物或建筑物的部分时，需要考虑其系统性、整体性，并基于该数据中心所属项目的总体进行评估。此外，《准则》还特别指出，评估对象应为已经通过竣工验收并投入使用的数据中心。

《准则》的技术内容涵盖了范围、规范性引用文件、术语和定义、缩略语、绿色数据中心等级划分、等级评估以及评估体系等多个方面。其中，评估体系是《准则》的核心内容之一，它由单元、项目、条文三个层次组成。单元层面，阐述了绿色数据中心能力的基本框架，共包括电能使用效率、节能措施、能源管理制度、水资源利用、资源循环利用、有害物质控制、可再生能源利用和基础设施环境等八个方面。项目层面，每个单元由多个评估项目组成，每个评估项目又包含若干评估条文。为了鼓励数据中心在规划、建设及运维中积极应用绿色节能技术、提升管理技能并进行创新，评估体系还统一设置了加分项。评分项和加分项的评定结果均以分值形式体现，其中评分项总分为100分，加分项为10分。这样的设计旨在全面、客观地评价绿色数据中心的性能表现，并推动其持续发展和优化。

绿色数据中心评估是一个全面而细致的过程，它涵盖了评估体系中的电能使用效率、节能措施、能源管理制度、水资源利用、资源循环利用、有害物质控制、可再生能源利用和基础设施环境这八个核心单元，以及为鼓励创新和优化而设置的加分项。在评估过程中，需要对所有单元、所有项目以及项目中的所有内容进行深入分析和评估，以确保数据中心在各个方面都符合绿色标准。

评估总分的计算方法严格遵循以下规定：首先，每个评估内容的得分都是根据评分标准直接赋值的，这确保了评估的公正性和客观性；其次，每个评估项目的得分是项目中每个评估内容得分的累加，这反映了数据中心在各个具体领域的综合表现；最后，绿色数据中心评估总分是每个评分项得分与加分项得分的累加值，这既考虑了数据中心的基础性能，又体现了其在绿色技术应用和创新方面的成绩。

通过这样的评估体系，我们能够全面、准确地了解数据中心的绿色水平，并为数据中心的优化和改进提供有力的依据。同时，这也将推动整个行业向更加绿色、可持续的方向发展。

5.1.5.3 中国建筑学会标准《绿色数据中心评价标准》（T/ASC 05—2019）

为积极响应国家节约资源和保护环境的政策导向，推动数据中心的绿色化进程，中国建筑科学研究院有限公司牵头制定了《绿色数据中心评价标准》（T/ASC 05-2019）（以下简称《标准》）。这一标准遵循因地制宜的原则，结合项目所在地的气候、环境、资源特点，对数据中心全生命周期内的基础设施和IT系统的资源节约与环境保护性能进行综合评价，力求实现经济效益、社会效益和环境效益的统一。特别值得一提的是，《标准》将电能利用效率（EEUE）作为绿色数据中心评价的基本门槛，对不同规模的数据中心设定了明确的EEUE值要求，以推动行业的绿色转型。

《标准》广泛适用于新建、改建、扩建及既有数据中心的绿色性能评价，为数据中心的绿色化建设提供了统一的评价依据。

《标准》涵盖了绿色数据中心评价的多个方面，包括总则、术语、基本规定、总体规划及设计、供配电系统、制冷系统、智能化系统与信息系统、数据中心运行维护管理以及提升与创新等。

在总体规划及设计方面，《标准》强调了数据中心选址的合理性、场地生态系统的保护、建筑材料和制品的环保性以及数据中心造型的简约性。同时，还设置了场地规划与建筑布局、材料利用与结构体系等方面的评分性技术要求，以引导数据中心实现绿色设计。

供配电系统方面，《标准》提出了缩短电源传输距离、优化不间断电源设置、提高低压配电系统功率因数等控制性要求，并在评分项中对变压器设备容量利用率、UPS效率等提出更高要求，以推动数据中心供配电系统的绿色化。

制冷系统方面，《标准》对数据中心的制冷系统、高效制冷设备和水系统提出了技术要求，包括优化机房气流组织、提高空调系统能效比、降低循环水泵能耗等，以实现制冷系统的绿色运行。

智能化系统与信息系统方面，《标准》强调了数据中心用水监测、空调系统运行状态监控等监测要求，并提出了智能照明、智能配电控制等具体要求，以提升数据中心的智能化水平。

数据中心运行维护管理方面，《标准》对数据中心的运行维护制度、能效管理制度等提出了要求，并强调了运维策略、运维人员培训等方面的重要性，以确保数据中心的绿色运行和高效管理。

此外，《标准》还设置了提升与创新章节，鼓励数据中心采用更高的节能性能和创新技术，以实现节约能源资源和保护生态环境的目标。

5.1.6　绿色数据中心发展趋势

第一代数据中心：数据存储中心阶段，主要依赖于传统的物理架构，其核心驱动力在于支撑业务系统的运行。在这一阶段，数据中心的构建主要围绕满足业务系统的需求展开。

第二代数据中心：数据处理中心阶段，这一阶段引入了服务器虚拟化技术，有效弥补了第一代数据中心在资源利用上的不足，显著提高了计算资源的利用效率。

第三代数据中心：信息中心阶段，在充分吸收前两代数据中心优势的基础上，更加注重“模块化、渐进式”的建设理念，为数据中心的可扩展性和灵活性提供了有力保障。

第四代数据中心：云数据中心阶段，数据中心的功能得到了全面升级，不仅承担着核心运营支持和信息资源服务的角色，还具备了核心计算、数据存储和备份等关键功能，真正实现了数据中心的全面云化。

当前，以信息技术为核心的新一轮科技革命正如火如荼地展开，互联网已然成为驱动创新发展的强大引擎。在5G技术研发、标准制定及应用的道路上，我们取得了显著的突破性进展。依据《国家信息化发展战略纲要》所设定的宏伟目标，至2025年，新一代信息通信技术将得到广泛应用，固定宽带家庭普及率将达到国际领先水平，构建出世界领先的移动通信网络，实现宽带网络的无缝覆盖。展望至21世纪中叶，信息化将全面助力我们建设富强、民主、文明、和谐的社会主义现代化国家，巩固网络强国的地位，并在引领全球信息化进程中发挥更加重要的作用。

在国家大力推动信息化发展与中国制造的时代背景下，数据中心作为关键基础设施，必将迎来更加广阔的发展前景。同时，响应国家绿色发展理念，对数据中心的绿色化进程提出了更为严苛的要求。尽管我国绿色数据中心已经历了从理念提出、政策驱动、业界探讨、技术研究到现阶段标准化发展的多个阶段，但总体上仍处在初级阶段。为此，我们需要进一步统一绿色数据中心的发展理念，构建其顶层发展标准体系，完善全生命周期的专项技术标准，研究性能提升的关键技术，开发高性能设施设备，建立绿色长效机制，并推广绿色数据中心项目的成功经验。通过这些举措，我们将能够有效引导和促进绿色数据中心及其相关产业的蓬勃发展。

5.1.6.1 各主要行业数据中心的特点

（1）运营商数据中心。它们以规模优势著称，主要以租赁形式运营，部分还向企业提供应用服务。在长期的实践中，运营商形成了一套独特的建设标准，这些标准融合了他们的运营经验，并对成本控制给予了高度重视。因此，这些标准可能与GB 50174—2017的要求存在部分差异。例如，在柴油发电机组的选择上，运营商有自己的功率和台数规定。因此，在选择租赁场地时，业主应逐一评估这些差异，确保能满足自身业务的连续运行需求，并防范潜在风险。

（2）政府行业数据中心。这类数据中心主要服务于国家电子政务，是国家政务网的重要组成部分，其建设规模庞大，覆盖从中央到市县的各级政府。

（3）金融行业数据中心。它们对业务连续性有着极高的要求，需要全天候24小时不间断运行。更为关键的是，金融行业对数据的完整性极为关注，不能有任何数据丢失。因此，在数据中心的建设上，金融行业有着严格的标准。然而，对于不需要极高可靠性的用户来说，如果也按照金融行业的要求来建设数据中心，将造成巨大的资金和资源浪费。

（4）互联网行业数据中心。这个行业的数据中心在新技术接受和应用方面表现得尤为积极。它们敢于在新技术领域进行尝试，因此，几乎所有新的数据中心技术都是在互联网行业数据中心率先落地。这使得互联网行业在数据中心技术领域始终保持着领先的地位。

5.1.6.2　设施变革

随着云计算、5G等新兴信息技术的迅猛发展，数据中心已成为构建全球信息网络的关键基础设施。绿色数据中心不仅满足能效评价指标，更能有效节省运维成本，提升数据中心容量，增强电源系统的可靠性与可扩展的灵活性。在理想状态下，通过虚拟化、冷源优化等多种节能措施，绿色数据中心在相同的互联网技术（IT）设备供电条件下，能够降低制冷设备能耗达20%~45%。因此，绿色数据中心无疑是新一代数据中心发展的重要趋势之一。

5.1.6.3　建设模式

新一代数据中心的核心特性之一是模块化设计，这种基于标准的模块化系统不仅简化了数据中心的环境，还有效控制了成本。这些模块化的组件易于采购和获取，且具备高度安全特性。尤为关键的是，它们采用面向服务的架构，使得机构能够更灵活、动态地部署新业务和应用。

对于大型数据中心，其建设通常按业务需求或投资分期进行。在规划设计时，应精细划分电气、空调系统所涉及的区域，并根据模块或楼层设置相应的电气系统和冷源系统。这种精细化的能源匹配不仅有助于降低业主的初始投资，还能改善初期投入时的电源使用效率（PUE）指标。此外，特别需要注意的是，大型数据中心（尤其是企业数据中心EDC）在规划设计时，必须考虑到初期低负荷情况下的设备选择和运维方式。因为在数据中心建设初期，其负荷率往往极低，甚至不到设计负荷的10%。如果仅考虑全楼的电源和冷源匹配，可能会导致大型冷冻机组在实际运行时无法正常运行。

5.1.6.4 技术演进

随着技术的不断进步，基础设施设备正持续迈向更高、更快、更强的新阶段。物联网、人工智能、虚拟现实（Virtual Reality，VR）、增强现实（Augmented Reality，AR）等前沿技术的融合应用，为基础设施建设带来了高效、节能的新动力。供电架构正经历着从传统的UPS组成2N系统向市电直供、一体化配电系统的转变，同时数据中心的直流应用也在不断扩展。值得注意的是，UPS的效率和功率因数已远超工频机时代，尤其在开启ECO模式后，其损耗几乎可忽略不计。

在智能化运营方面，我们同样见证了显著的提升。智能运维机器人的广泛应用，预示着未来可能大量替代传统的人工巡检工作。面对数据量的高速增长和新建大规模、超大规模数据中心的挑战，智能化的数据中心基础设施管理通过在线监控、管理IT设备和数据中心风火水电基础设施，为高效管理提供了有力支持，节省了大量维护时间和费用。

5.1.6.5 数据中心的选址

数据中心选址的七大要素见表5-1。

表5-1是结合德尔菲方法（也称专家调查法），根据业内专家对选址影响要素的重要性推荐评分而得出的结论。

表5-1 数据中心选址的七大要素

要素	具体要求	权重（%）
自然地理条件	地震、台风、洪水等自然灾害记录，政治和军事地域安全性	30
配套设施	交通、水电气供应、消防等	20
周边环境	粉尘、油烟、有害气体，有腐蚀性，易燃、易爆物品的工厂，远离强振源和强噪声源、避开强电磁场干扰	20
成本因素	人力成本、水电气资源成本、土地成本、各种个人消费成本	15
政策环境	土地政策、人才政策、税收政策	10
高科技人才资源条件	高校数据、IT人员数量，其他科技教育机构数量	4
经济发展水平、人文发展水平	社会经济人文环境的优越性	1

5.1.6.6 智慧数据中心的发展趋势

（1）实现低碳环保、节能减排的数据中心，需要借助跨界整合的整体技术解决方案，推动低碳化节能创新技术的应用。

（2）通过微型化、模块化、线上化的设备集成以及云平台控制，微型及模块化创新技术为数据中心的安装与维护带来了前所未有的便捷性。

（3）系统升级创新技术聚焦于成本、管理、应用、服务等多个层面的升级，旨在全面提升数据中心的信息化水平。

（4）配电系统智慧化创新技术进一步强化配电等级的安全性，以智能开关替代传统开关，实现UPS、变压器、母线等状态的智能监控，电能管理更为精细，并能预判开关寿命，实现主动运维。

（5）5G物联网智慧监控创新技术结合人工智能，实现机电系统的集中监控管理，数据粒度更细，实现智慧化监控与管理。

（6）智慧运维平台创新技术通过AI对大数据的深度分析学习，实现故障预警，降低风险，同时实时显示、记录、控制、报警、提示及趋势分析基础设施的运行状态。

（7）AI能效优化技术在给定的条件下，利用深度神经网络模型预测能耗，并结合寻优算法，实现数据中心能效的自动化调优。

（8）机器人巡检创新技术结合AI技术的全生命周期智慧平台，推动实现无人值守的数据中心。

（9）低碳新能源创新技术，如清洁能源、可再生能源、液冷技术、热管和蒸发冷却技术、磁悬浮空调系统技术及余热回收技术等，为降低能耗提供了有力支持。

（10）综合管理运维创新技术运用人工智能、AI多维可视化展示、VR技术、智慧运维技术等手段，使运维管理系统从被动变为主动，从粗犷变为精细，从局部变为全面，实现节能环保、能源管理、设备安全、智慧运营的目标。

（11）在数据中心建造方面，采用BIM技术、装配式技术、智慧建造技术等创新组合，推动数据中心建造技术的升级与革新。

5.2 数据中心绿色设计的理念和基本要素

5.2.1 绿色设计理念

数据中心绿色设计目标的实现可以划分为近期和远期两个阶段。近期阶段，主要聚焦于基础设施的绿色设计，如供配电系统、冷却系统等，致力于通过优化这些关键系统来降低能耗、提升效率。而远期阶段，则将在基础设施绿色设计的基础上，进一步纳入IT算力因素，力求实现单位算力基础上的资源使用效率最大化与环境影响最小化。这样的分阶段实施策略，确保了近期内绿色设计具有可操作性，同时为远期发展预留了空间。

在规划数据中心绿色设计时，需要综合考虑业务等级、选址、资源效率及节能控制等多个方面。业务等级决定了数据中心的运行需求和性能标准，选址则要考虑当地的气候条件、能源供应等环境因素，资源效率和节能控制是实现绿色设计的关键手段。

值得注意的是，设计具有时效性和超前性。也就是说，设计往往受到当前政策、技术、环境等方面的制约，可能无法完全满足设计完成后可能出现的新的政策和行业标准。因此，在进行绿色设计评价时，需要充分考虑到这一当期属性，确保设计在当前环境下具有可行性和前瞻性，同时为未来可能的变化预留一定的调整空间。

在"双碳"目标的宏观背景下，绿色低碳不仅是数字新基建的使命，更是算力基础设施建设与运营的核心方向。数据中心绿色设计的原则集中在安全可靠、绿色低碳和高效三大方面。其中，安全可靠是数据中心稳定运行的基石，必须确保供电和制冷系统的可靠性，以保障业务的不间断运行；绿色低碳是绿色设计的核心理念与目标，主要关注高效节能用电设备、高效冷却系统以及可再生能源和清洁能源的利用，同时兼顾环保因素；高效设计则聚焦于电能容量比、空间使用效率等客观资源使用方面的优化，是数据中心集约化建设、最大化应用的发展趋势。

绿色设计旨在确保数据中心的业务可靠性等级和运行服务水平协议（Service Level Agreement，SLA）目标等级的达成。在满足甚至优于PUE能效指标要求的基础上，充分考虑能效余量，并最大化地考虑全生命周期的特点，确保各阶段均满足PUE能效指标。推荐使用主流的建筑和设备节能技术、高效的工程设计、智慧节能控制和联合运行等技术，并主动建立能效监测系统以持续优化设计。在设计阶段最大限度地满足PUE能效指标，可避免后期繁琐的改造工作，保护设计成果和业主投资。因此，绿色设计特别是节能设计，应在能效可靠取值的基础上，采用适度超量设计以获取能效余量，确保设计阶段的理论能效与建设、运行阶段的差异可控，目前建议按10%的余量进行适度设计。

5.2.2 绿色数据中心实现的几个视角

设计是所有目标创新实践活动的先导与基石，它从源头上设定目标，引领系统集成创新，确保目标的顺利实现。特别是在绿色设计方面，它能够从源头上构建数据中心的绿色产业生态，推动数据中心产业向绿色发展方向迈进。目前，我国数据中心已进入成熟的发展阶段，设计不再是设计师的独角戏，而是由设计方、设备厂商、第三方服务商以及互联网用户等多方共同参与。尤其是互联网用户，在过去的十年里，他们为行业提供了大量宝贵的绿色设计实践案例。同时，第三方服务商在绿色设计领域也走在了前列，这标志着数据中心绿色设计已经迈入了众创时代。

数据中心绿色设计的核心在于，在设计阶段就明确促进绿色发展的技术路线、时间表和目标函数。在保障数据中心安全可靠的前提下，现阶段的设计主要聚焦于提高PUE、CUE和WUE等资源利用效率指标，确保这些指标符合国家及地方的政策法规要求，并为企业减少运营能源支出。

绿色数据中心的“绿色”理念贯穿于多个层面，其核心目标是以最少的能源实现数据中心的高效运行。为实现这一目标，我们可以从多个视角切入，包括器件层面、设备层面、设施层面、软件层面、场地、建筑与环境保护层面、管理层面、建筑层面以及环境保护层面。

（1）器件层面。在器件层面，绿色数据中心的设计理念主要体现在计算机及其他设备所采用的元器件上。由于数据传输、处理和存储过程中会消耗大量电能，芯片作为主要的热量产生源，其性能直接影响数据中心的效率。因此，在采购芯片等器件时，应优先选择低能耗、主频高、多核的芯片，以减少热量产生，提高处理能力。

（2）设备层面。设备层面涵盖了计算机设备、服务器设备、网络通讯设备、数据存储设备等。在选择这些设备时，同样需要注重节能与高效。例如，服务器设备的更新换代从机架式到刀片式，不仅减少了单位时间的电能消耗，还提高了计算效率。此外，设备的散热性能也是选择时需要考虑的重要因素，特别是对于高能耗设备（如服务器设备），通过优化散热系统，如泛达公司的Net-ACCESS机柜系列产品所采用的横向散热设计，可以显著提高散热效率，提升设备工作效率。

（3）设施层面。在设施层面，绿色数据中心需要关注电力供应、冷却系统、布线系统等基础设施的设计和优化。例如，采用高效的UPS供电系统、节能的空调和冷却设备以及合理的布线规划，都可以有效减少能源浪费，提高数据中心的运行效率。

（4）软件层面。软件层面的绿色设计主要体现在操作系统、虚拟化技术、能耗管理软件等方面。通过优化操作系统和虚拟化技术，可以提高服务器的资源利用率，减少空闲资源的浪费。同时，采用能耗管理软件可以实时监控和管理数据中心的能耗情况，为节能提供数据支持。

（5）场地、建筑与环境层面。在场地、建筑与环境层面，绿色数据中心需要考虑场地的选址、建筑的设计和材料选择以及外部环境的影响。选择气候适宜、能源供应稳定的地区作为数据中心的建设地点，采用节能的建筑设计和材料，以及充分利用自然环境和可再生能源，都是实现绿色数据中心的重要途径。

（6）管理层面。管理层面是绿色数据中心实现的关键环节。制定完善的能源管理制度、建立高效的运维体系以及加强员工的节能意识培训，可以确保绿色设计理念的落地实施，实现数据中心的绿色高效运行。

（7）建筑层面。在构建绿色数据中心时，建筑层面的考虑尤为关键。其中，两个主要的因素尤为突出：隔音效果与隔热效果。隔音效果主要聚焦于外部嘈杂声音的隔离以及内部设备，如发电机等产生的噪声控制。一个理想的绿色数据中心应当具备优良的隔音设计，确保内外部声音互不干扰，为员工创造一个宁静的工作环境。而隔热效果则侧重于墙体、门窗等结构对内外温度的隔离能力。在夏季和冬季，这些结构应能有效阻挡外界温度的影响，确保数据中心内部温度稳定，减少因温度变化带来的能耗。为实现这一目标，可以采用多层材质等特定材料来设计墙体和门窗，从而达到节能绿色的效果。

（8）环境保护层面。在绿色数据中心的运营过程中，环境保护同样不容忽视。数据中心在使用各种设备和耗材时，应最大限度地减少对环境的影响，避免噪声污染和化学物质污染的产生。与自然的和谐相处，不仅保护了生态环境，也为工作人员提供了一个健康、舒适的工作环境。这不仅是绿色数据中心的责任，也是其持续发展的必要条件。

5.2.3 绿色数据中心的设计要素分析

随着全球对节能减排的日益重视，建设绿色数据中心已成为必然趋势。绿色数据中心不仅是信息基础设施的核心，更在推动社会有效发展中扮演重要角色。它通过周密规划与专业执行，实现节能、环保和降低运营成本，为科研和日常服务提供高效支撑。设计绿色数据中心需从系统、环境与能源耦合、风火水电与IT系统耦合几个层面出发，追求资源成本最低、碳排放最少、环境影响最小的目标。随着通信和网络应用的迅猛发展，能耗问题凸显，绿色数据中心旨在实现资源最大化节约、保护环境和减少污染，与大自然和谐共存。在全球气候变暖的背景下，绿色数据中心已被广泛接受并推广应用，响应国家节能减排号召，共同守护地球家园。

5.2.3.1 数据中心能耗分析

（1）数据中心的能耗组成分析。

①IT设备（包括服务器、存储设备和网络设施）占据了总能耗的50%，而基础设施同样占据了另外50%的能耗。

②在IT设备中，处理器的能耗仅占30%，而系统其他部分（如冷却系统、电源供应等）则消耗了剩余的70%。

③服务器的实际利用率普遍较低，通常仅为20%，意味着有高达80%的服务器资源处于闲置状态，这也导致了能源的浪费。

④主设备（如交换机、服务器等通信设备）的能耗降低对机房整体能耗的减少具有显著影响。当主设备降耗1W时，机房整体能耗可降低2.84W。因此，选用低能耗的通信设备是机房节能的关键措施。

⑤空调设备的节能在机房节能中占据重要地位。能耗级联模型显示，消除机房2.74W的热量需要消耗1.07W的电能。因此，采用高效能的空调系

统是机房节能的关键环节。

⑥供电系统的节能同样不容忽视。根据能耗级联模型，为1.49W的负载供电，供电系统自身将消耗0.18W的电能。为了提高机房的整体能效，采用高效率的供电系统也是必不可少的。

（2）绿色数据中心的能耗指标（Power Usage Effectiveness，PUE）是评估数据中心能效的关键指标，等于基础设施总用电量与IT设备用电量的比值。

①PUE反映了为满足IT设备用电需求，数据机房整体所需的总用电效率。

②理想的PUE值是越小越好，因为它代表着更高的能源利用效率。

目前，国内运行的数据中心PUE值普遍在2~2.5，而对于新设计的数据中心，推荐的PUE值范围则为1.8~1.6。

提高数据中心的能源利用率涉及以下两个方面。

①降低数据中心的PUE值，以减少能源浪费并提升能效。

②提高单位IT设备消耗功率的计算处理能力，这可以通过采用虚拟化、云计算技术以及使用高性能且低功耗的IT设备来实现。

5.2.3.2　数据中心规划

1.数据中心选址规划

数据中心选址是一个复杂的决策过程，涉及诸多关键因素，包括业务定位、环境考量、电力成本、光纤通信覆盖、交通便捷性、市政设施配套以及政策优惠等。在这些因素中，业务定位和电力成本尤为重要，对选址规划具有决定性影响。

（1）业务定位。对于不同类型的数据中心，业务定位在选址中扮演着不同的角色：托管型数据中心和通信枢纽需靠近客户群和网络密集互联点，交通便利性是关键因素；单租户企业数据中心更侧重于选址的安全性和成本效益，同时确保交通通达性；云计算大型数据中心在选址时需全面考虑建设及运营成本、资源状况、经济发展水平及气候条件，特别是能源供应充足、自然冷源利用效率高的地区；中小企业机房则多设在本部办公楼内，以阴面为佳，以减少热辐射对设备运行的影响。

（2）电力成本。电力成本是数据中心运营成本的重要组成部分，涵盖电力引入、供电系统建设及运行期间的电力消耗。选址于自然冷却区域，特别是在空气清洁、水源丰富、气候宜人的地区，能够有效利用室外冷空气，减少空调制冷所需的电力消耗，从而降低数据中心的电力成本。这一策略是降低数据中心运营成本、提升能效的有效手段。

2.采用新的数据中心热量指南标准

（1）国家标准存在的局限性。依据GB 50174—2008《电子信息系统机房设计规范》，A类和B类机房的主机房温度应维持在23±1℃，即22~24℃。然而，这一标准在以下两个方面存在明显不足。

①机房设计中缺乏冷通道或热通道的封闭设计，导致机房整体环境温度偏低，而IT设备内部的温度并未有效降低。这主要是因为存在大量的冷气短路自循环现象，影响了制冷效果。

②在实际操作中，机房温度往往低于24℃，这意味着机房处于过度制冷状态，这不仅浪费能源，还可能对设备造成不必要的损害。

（2）国外规范的建议。大多数服务器和网络设备在10~35℃的温度，以及20%~80%的相对湿度条件下都能正常运行。因此，我们可以适当提高空调送风温度，只要确保IT设备的运行温度处于适宜范围即可。研究表明，当空调系统的送风和回风温度每提高1℃时，空调系统可以节省约2.5%的电能，同时制冷能力还能提高约5%。这一建议为我们优化机房环境、提高能源利用效率提供了新的思路。

3.数据中心的基础规划

在规划和设计数据中心基础设施时，必须进行全面而细致的业务规划、机房使用规划、动力需求规划以及制冷系统方案规划。一旦数据中心的业务定位确定，接下来需要根据技术和设备的发展趋势进一步规划数据设备、服务器、软件等系统的需求。这些规划将直接影响动力需求规划（或功率密度规划）、制冷系统规划以及机房布局规划等关键方面。在进行规划时，需遵循整体性原则、先进与实用性原则、可靠性原则、安全性原则、可管理性原则、灵活性及可扩展性原则以及总体集成性原则。

（1）平面规划。平面设计是一个综合性的过程，需要综合考虑IT系统的建设原则、数据中心的管理原则以及分期建设规划。同时，还需要结合机房管理和IT需求，确定数据中心的功能需求及其之间的逻辑关系，进而得出合理的平面布局。平面规划旨在实现环境、配套设施和综合管理之间的完美统一，同时确保功能合理、总体协调。为了适应使用功能的调整，模块化分区设计在数据中心规划中显得尤为重要。这包括机房区、电池区、配电区、空调区等不同功能模块的划分。对于较大规模的数据中心，可以按照面积划分为若干独立模块组，以便分期分模块建设，从而减少初始投资。

（2）数据中心机房布局。在数据中心机房布局中，根据安装的IT设备的特点和功耗，可以将机房划分为高密度机房、中密度机房和低密度机房。这种划分有助于更精准地满足不同设备的供电和制冷需求，避免资源的浪费。高密度机房主要安装功耗较高的设备，如刀片服务器；中密度机房则适用于数据仓库等开放平台存储设备；而低密度机房则一般用于主机房、网络机房、高端服务器机房和普通机柜服务器机房等。这样的布局规划不仅提高了机房的使用效率，还确保了设备的稳定运行。

5.2.3.3　基础设施设计

冷热通道封闭是数据中心节能的重要措施之一。冷通道封闭要求地板安装必须紧密，冷通道前后和上方完全封闭，机柜前部的冷通道也必须封闭，地板下的开口处严格封闭，避免冷风泄漏。热通道封闭则是在机柜后门安装通道天花板，形成封闭的热通道，以减少热量的回流和混合，提高冷却效率。这两种方式都能有效降低数据中心的能耗，提高制冷效果。

数据中心机房在运营中，各类设备的重要性并不相同。因此，合理区分机房内的用电设备，制定不同等级的供电方案，对于优化供电系统、降低能耗和提高运行效率至关重要。

（1）机房照明。机房照明系统的供电方案需根据照明区域的重要性进行分类。消防照明除了双路市电和自备柴油发电系统外，还应有EPS的保障，以确保在电力故障时消防系统仍能正常运行，其负荷等级为准重要负荷级。

（2）计算机设备用电。计算机设备是数据中心的核心，对电源质量的要求极高。其供电需求多样，且对上级供电系统无不良影响，因此负荷等级定为特别重要的负荷等级。为确保计算机设备的稳定运行，需要采用高可靠性、高效率的供电方案，如UPS不间断电源保障等。

（3）机房空调设备用电。机房空调设备作为保障机房环境稳定的重要设施，其供电方案同样需要高度重视。精密空调风机、冷冻水泵等关键设备应采用双路市电供电，并配备柴油机组备份保障。

（4）机房用电系统收集。新型信息化系统内置了电耗测量功能和热敏传感器，可实时显示当前用电值，便于根据系统状态采取相应措施。对于数据中心的能耗管理而言，准确测量是改进的前提。因此，跟踪能量利用情况成为控制能耗的必要手段。对于旧有系统，可采用iPDU（智能电源分配单元）来提供设备电耗及环境信息（如温度、湿度），助力数据中心实现精准能耗管理。

5.3 数据中心绿色节能设计

近年来，云计算业务呈现出迅猛发展的态势，而云数据中心也紧跟时代步伐，规模持续扩大，效率稳步提升，智能化特征日益凸显，并且成本逐渐实现优化。

5.3.1 IT设备

5.3.1.1 高密度服务器

随着数据规模的不断膨胀以及土地、电力资源日益集约化的发展，高密度数据中心的建设成为行业发展的重要方向。与传统服务器相比，高密度服务器在设计和构造上有着显著的优势。其电源和风扇采用共享方式设计，使得同一机箱内的多台服务器节点能够共享这些资源。这不仅降低了服务器的整体重量和空间占用，提升了数据中心单位面积的算力，还能有效提高电源和散热系统的使用效率，进而降低数据中心的运营成本。

随着技术的不断进步和应用场景的不断拓展，高密度数据中心将在未来发挥更加重要的作用，推动数据中心行业的持续健康发展。

5.3.1.2　液冷服务器

近年来，液冷服务器逐渐受到市场青睐，其用户接受度与使用数量均呈现稳步上升的趋势。这一变化主要得益于液冷服务器所具备的高效散热、节能降噪以及高密度部署等显著优势。

在高效散热方面，液冷技术成功解决了高功率芯片散热的难题，突破了传统风冷散热的局限。相较于风冷，液冷能够维持芯片在低于临界温度10~20℃的范围内稳定运行，不仅释放了芯片的最大计算潜能，还延长了芯片的使用寿命。

液冷服务器在节能降噪方面同样表现出色。其核心发热部件通过冷却液体循环将热量排出机房，大幅降低了机房内的制冷压力，进而节省了数据中心的空调用电。此外，液冷数据中心的PUE值通常能保持在1.3以下，节能效果显著。同时，服务器内部对风扇的需求降低，可以实现风扇低转速运行甚至无风扇，有效降低了设备噪声。

在高密度部署方面，液冷服务器相比传统风冷服务器具有明显优势。传统风冷服务器的散热片占据一定空间，而液冷服务器使用液冷散热片，对空间的要求大大降低。这不仅提高了数据中心内设备的部署密度，还有助于降低数据中心的总体拥有成本（Total Cost of Ownership，TCO）。

液冷服务器能够为客户带来多方面的收益，因此各大服务器厂商也积极布局液冷产品市场。目前，液冷服务器机型主要包括高密度CPU计算型液冷服务器、GPU液冷服务器以及机架式液冷服务器等。在技术路线上，冷板式液冷和浸没式液冷是主流选择。通过优化冷板内的铲齿厚度、高度、间距等参数及流道设计，可以获得最优的散热效果。而在冷板材质的选择上，导热性能良好的金属如铜、铝等备受青睐，其中铜质冷板的应用尤为广泛。

5.3.1.3 整机柜

数据中心不仅是能量交换的重要载体，其大规模蓄冷与热能产生的特性也使得节能增效成为降低碳排放和提高能源利用率的关键。在节能增效的过程中，技术措施和管理手段发挥着不可或缺的作用。

以服务器为例，若将每台服务器视为独立运作的单节点，从整个数据中心的视角来看，其收益微乎其微。然而，当我们将单节点的维度提升至机柜层级，进行集中供电、一体化交付以及高密度部署的统一规划时，便能够获取更高的综合效益。特别是集中供电技术的应用，可以显著优化单节点的能耗，平均降低达12%。

进一步地，当我们将规划维度扩展至整个数据中心层面时，综合考虑供电、交付、部署、组网和制冷等多个方面，将实现最佳的综合收益。实际上，许多超大规模数据中心运营商和云服务厂商正是通过这一实践，成功降低了运营成本，并提升了产品的市场竞争力。

集中供电技术通过将原本分散的电源进行池化处理，有效提升了能源利用效率。传统通用服务器离散供电模式下，电源冗余要求为1+1，导致电源供应单元数量庞大且无法实现负载均衡。而整机柜形式的电源池化则大幅减少了PSU总数，同时实现了负载均衡，结合动态PSU节能调节技术，进一步提升了电源转化效率，降低了整体TCO，并提高了交付效率。

随着摩尔定律的失效，散热问题成为现代电子系统面临的一大挑战。温度每升高1℃，电子器件的寿命便会缩短5%，散热不仅影响电子系统的功率输出和能耗，还直接关系到数据中心的低碳化进程。过往，整机柜常采用风扇墙集中式散热，但随着业务复杂性和服务器应用多样化，这种散热方式已显露出其局限性。因此，采用内置风扇、节点式单独散热的方式，将节点与散热解耦，不仅提升了散热效率，降低了TCO，还增强了整机柜的灵活性，便于搬迁和维护。

5.3.1.4 高算力碳效服务器

在数字经济时代，算力已成为支撑数字经济发展的基石和核心驱动力。

随着数据量的迅猛增长和算法复杂性的日益提升，对算力的需求也在持续增长。算力，即计算能力，其核心在于各类芯片，如CPU、GPU、NPU、MCU等，它们通过计算机、服务器、高性能计算集群以及各类智能终端得以展现。对于数据中心而言，服务器无疑是算力的主要承载者。

在选择服务器设备时，为确保其能够满足业务需求并提供足够的算力资源，业界普遍关注计算性能指标。然而，随着国家“双碳”目标的日益凸显，服务器产品作为数据中心运营过程中的核心IT设备，其生命周期内的碳足迹对控制总体运营的温室气体排放至关重要。因此，在设备选型时，除了计算性能，产品的碳排放量也逐渐成为考虑的关键因素。

如何在计算密集型工作负载和低能耗运行之间找到平衡点，如何在满足技术需求的同时尽可能降低碳排放，成为产业界面临的重要课题。在这种背景下，算力碳效的概念逐渐受到关注。如果厂商能够根据业务需求，如不同计算场景（高性能计算、边缘计算、智能计算、通用计算等）、不同架构（如x86架构、ARM架构）以及不同负载（存储、内存、CPU要求），选择算力碳效较高的服务器，那么将有效保证数据中心的绿色低碳效益，推动行业的可持续发展。

5.3.1.5　IT设备的能量消耗

服务器的最大输出功率是设计数据中心时需要特别关注的重要参数。按照AC/DC转换效率的平均值计算，我们可以得到服务器的输入功率（消耗功率）。这个输入功率代表的是服务器在满配置和全负荷工作时的最大消耗功率，而实际使用中这种工况并不常见。

在数据中心设计中，我们通常会考虑配置系数和同时利用系数来估算服务器的实际功率消耗。这些系数基于实际测量和统计数据得出，可以更准确地评估数据中心的IT设备能量消耗。

冗余电源是提升数据中心稳定性的关键措施，其中N+1冗余（如1+1、2+1、3+1等）是最常见的形式。这种设计确保了在单一电源故障的情况下，系统仍能正常运行（因为同时出现多个电源故障的概率极低）。例如，在1+1电源配置下，每个服务器电源的负载通常低于50%（有时甚至仅20%），这可能导致电源模块的效率降至80%或更低。

为了解决这个问题并提高服务器电源的工作效率，服务器开始逐步向刀片式服务器升级。刀片式服务器外形扁平，多个刀片式服务器单元可以插入到标准高度的机架式机箱内，共享系统背板、冗余电源、风扇、网络端口等资源。这种设计使得服务器电源的工作效率得到了显著提升，同时也减小了服务器的体积。

与同等配置的机架式服务器相比，刀片式服务器在休眠状态和最大工况下的功率和发热量均有所降低。在一个中等规模的数据中心，如果采用刀片式服务器，可以显著节约电力和电费支出。此外，由于功率的降低，机房空调的能耗也会相应减少。

在为1kW的计算机类负载供电时，供电系统的损耗，即PUE供电因子，主要由ATS开关损耗、低压配电系统损耗、UPS系统损耗和供电电缆损耗组成。

在实际的数据中心设计与运营中，需要根据具体的负载情况和UPS配置来选择合适的供电方案，以优化PUE并降低能源损耗。

5.3.2 供电系统

5.3.2.1 电气集成化设计

数据中心的供电系统，宛如其心脏，是基础设施中不可或缺的关键部分。当前，数据中心常用的不间断供电技术主要有ACUPS、HVDC（涵盖240V、336V、48V等）以及市电直供结合BBU等。这些供电技术会根据数据中心的建设等级需求，灵活采用如2N、DR、RR等不同的冗余供电模式。

展望未来，数据中心的迅猛发展对供电系统提出了更为严格的要求，包括更高的可靠性、节能性以及可持续性。因此，供电技术和模式正朝着模块化、预制化、智能化和精简化等方向持续演进。国内外数据中心行业在供电技术上也积极创新，华为、维谛的电力模块以及阿里巴巴的巴拿马电源等，都是具有显著特色的新技术。

深度融合，是电力模块演进的重要趋势。随着服务器芯片算力的日益增强，IT机柜的功率密度也在不断提升。当单柜功率密度达到16kW时，配电间与IT空间的面积比例甚至可能接近1：1。如何确保IT设备的出柜率，同时降低电力模块的占地面积，成为亟待解决的问题。

UPS配电系统具有通用性优势，能满足大多数配置交流电源的服务器和交换机的需求。为提高UPS配电系统的运行效率，通常采用多台UPS并机的方式，增加了系统负载容量，但也使配电系统结构更为复杂，维修困难。尽管这种设计提高了系统安全系数，但电能损耗大，不符合节能环保要求。随着技术的发展，高压直流配电系统开始应用于数据中心。这种系统直接将交流电（如AC380V）整流为240V直流电源，即高压直流UPS。由于许多服务器的交流电源模块同时兼容220V交流和240V直流，因此可以直接用240V直流UPS替代传统的220V交流UPS。

将UPS的输入输出配电与其本身深度融合，可以有效减少电力模块的链路节点，从而在产品架构上实现更高效的空间利用。智能化，则是保障安全和运维的关键所在。构建统一的智能管理系统，整合本地智能管理和智能网管，不仅可以增强电力模块系统的安全性，还能提供丰富的智能运维特性。从本地显示器上的实时数据展示，到网管的3D视图、运行参数分析、故障预警等，智能化管理让运维工作变得更加主动和高效。

巴拿马电源，作为一种创新的供电方案，柔性集成了10kV配电、隔离变压、模块化整流器和输出配电等环节。它采用移相变压器替代传统工频变压器，优化了从10kVAC到240VDC的整个供电链路。这一方案不仅具有高效率、高可靠性、高功率密度和高功率容量的特点，而且在占地面积、设备和工程施工量上也实现了显著的节省。蓄电池的独立安装和灵活配置，进一步增强了其系统的灵活性和可用性。巴拿马电源的高可用性和高效率，使得它在数据中心供电领域具有广泛的应用前景。

5.3.2.2　智能UPS

智能UPS与HVDC正逐步取代传统UPS，标志着供配电系统进入了一个新时代。在这个时代，事故预防不再是事后被动的告警，而是通过精密监控和智能算法实现的主动预测性维护。这种转变，将不间断电源的智能化提升到了新的高度，从被动告警转变为前瞻性的维护策略。

智能UPS节能技术的崛起，为数据中心节能减排提供了有力支持。新一代UPS设备不仅运行效率极高，而且具备动态在线模式，这种模式下，逆变器能够作为有源滤波器实时在线，显著提高了系统的电能质量，同时实现了高达99%的效率，且供电过程无任何间断。

AI技术与UPS的结合，进一步提升了UPS的输出供电质量，同时也实现了节能目标。与此同时，高压直流技术以其供电可靠性、安全性、可扩展性等方面的优势，正在逐步优化数据中心的供配电架构。相比传统UPS系统，高压直流系统减少了变流装置的数量和损耗，提升了电能使用效率。

支持储能系统的UPS系统，则响应了国家对节能政策的推行，通过优化资源分配和低碳能源利用，发挥了重要作用。采用具有储能功能的UPS设备，不仅能实现传统UPS的电源后备和提高电能质量，还能灵活管理峰谷电价差，降低系统电费，甚至与可再生能源组成混合供电系统，增强系统可靠性。

UPS行业也在不断发展中向节能模式转型。随着绝缘栅双极型晶体管技术的突破，UPS从工频向高频的转变解决了体积大、效率低、维护难等问题。数据中心行业的绿色低碳发展要求，推动UPS能效不断提升，高效UPS已成为未来发展的必然趋势。

5.3.3 制冷系统

绿色设计的整体方案是对数据中心核心架构的精心挑选，尤其在制冷系统方面，涵盖风冷DX空调系统、水冷冷水机组系统、蒸发冷却系统、创新型氟泵系统以及液冷系统等多元化选择。制冷方案的选择对绿色设计至关重要，它不仅是决定数据中心PUE值下限的关键因素，还直接影响到数据中心的能效和可持续性。因此，在制定整体设计方案时，必须全面考虑数据中心所在地的气候特征、水资源状况、数据中心规模以及IT设备的功率密度，确保方案既符合实际需求，又能够最大限度地实现节能减排，推动数据中心的绿色发展。

5.3.3.1　整体设计方案

（1）风冷DX空调系统。风冷DX空调系统依托精密空调设备为数据中心提供制冷服务。其特点在于结构简单、部署便捷，尤其适用于低功率制冷场景。系统的蒸发器置于机房内部，为服务器和网络机柜散热；冷凝器则放置在机房外部，与外部环境进行热交换。冷凝器的形式灵活多样，可单独配置也可集中部署。

风冷DX空调设备构成简单、部署灵活，适用于能效要求不高且规模较小的数据中心；水冷冷水机组系统复杂、运维难度大，但可根据季节变化调整运行模式，最大化利用自然冷源，适用于能效要求较高且自然环境适宜的大规模数据中心；蒸发冷却机组特别适用于室外空气洁净度好、常年温度较低的场景，但需注意运维难度和当地空气质量；新型氟泵系统设备构成简单、部署灵活，集成了多种自然冷却技术，适用于能效要求高的数据中心；液冷技术能够满足高密度、低能耗的发展需求，并支持高功率密度，但对设备和冷却液的安全性要求极高。

（2）水冷冷水机组系统。水冷冷水机组系统由冷水机组、水泵、精密空调、风机、冷却塔及板式换热器等组成，结构相对复杂，需设立集中式冷站。该系统通过制取冷冻水，经末端精密空调为机房散热。其工作模式多样，包括完全机械制冷、部分自然冷却及完全自然冷却，根据季节和气温变化灵活切换，实现能效最大化。

（3）蒸发冷却系统。蒸发冷却系统利用水蒸发原理实现制冷，分为直接和间接两种形式。直接蒸发冷却通过空气与水雾直接接触降低温度，增大湿度，适用于某些特定气候条件。间接蒸发冷却则通过非接触式换热器传递冷量，实现空气等湿降温，具有效率高、安全性好的优点。

（4）新型氟泵系统。新型氟泵系统融合间接蒸发、风冷、氟泵及热管技术，通过不同送风方式满足中高功率及中大规模数据中心的制冷需求。其设备结构简单，部署灵活，特别在自然冷季节，可启动重力热管模式进行高效制冷。

（5）液冷系统。随着机架功率和单机架功率密度的不断增长，液冷系统成为数据中心制冷的新选择。它用液体替代空气进行散热，主要分为冷板式、浸没式和喷淋式。液冷系统具有高效制冷、节约资源及空间的优势，不受地域和气候条件限制，能够大幅度降低数据中心的制冷电力消耗，提高经济效益。同时，液冷系统的应用也为企业提供了更多的机房空间用于布置IT设备，进一步提升了资源利用率。

（6）高温回风节能空调系统。在追求节能高效的背景下，高温回风节能空调系统成为一个重要的应用方向。这种系统通过提高送风和回风的温度（相应地提高供水和回水的温度），从而实现显著的节能效果。具体来说，每提高1℃的空调回风温度，空调系统大约可以节能3%。

（7）低能耗加湿系统。与传统的将水加热成蒸汽的红外加湿系统或电极式加湿器系统相比，湿膜加湿系统无需使用电能加热水，仅需水泵和风机的能耗。因此，在加湿相同量的水蒸气时，湿膜加湿系统的能耗远低于传统系统。以加湿10kg水蒸气为例，湿膜加湿系统仅需要耗能0.6～0.8kW·h，而采用红外加湿或电极加热系统则需要耗能8～12kW·h。这种低能耗加湿系统的应用不仅有助于降低数据中心的能耗，还提高了加湿效率，为云计算数据中心的绿色可持续发展提供有力支持。

（8）余热回收。当前，我国IDC行业的节能重点主要集中在绿电应用、空调系统的节能减排以及IT系统的降耗等方面。随着数字经济的蓬勃发展，数据中心的规模和数量都在快速增长。这些数据中心在运行过程中会产生大量的余热，如果能够有效地回收利用这些余热，将加速数据中心的“碳中和”进程。

相较于风冷数据中心，液冷数据中心在余热回收方面更具优势。液冷系统使用的冷却液流动性强、品位高，方便运输，且投资成本较低，利用率较高。液冷系统余热回收系统可以灵活选择接入一次冷却循环系统或二次冷却循环系统，采取提质利用或直接利用的方式，最大化地利用余热资源。

在进行系统设计时，应充分考虑综合利用光热、地热等清洁能源，以及与周边建筑、园区协同建立余热回收利用体系的可行性。科学规划和合理设计，可以实现数据中心余热的高效回收和利用，为数据中心的绿色发展提供有力支持。

5.3.3.2　局部优化设计

（1）气流组织优化设计。气流组织在数据中心冷却中占据核心地位。若设计不当，将导致机房内气流组织不均匀，出现局部热点，进而影响整体散热效果，增加能源消耗。优化气流组织，旨在规范并改善机房内的气流流动，消除回流、掺混和紊乱现象，确保气流有序、高效地从服务器带走热量。这不仅提升了空调系统送风的有效性，还降低了机房空调的运行成本，进而减小PUE值。

作为IT设备冷却的关键环节，气流组织的优劣直接决定冷却效果与效率。随着技术的不断进步，气流组织正逐渐从房间级向行间级、机柜级乃至服务器级精细化发展。目前，数据机房空调有多种送风方式，其中顶送顶回方式被证实为最佳。相较于上送风，下送风方式更有利于优化机房气流组织，提高送风效率。传统机房大多采用地板下送风，但随着对服务器认识的深入，新的气流组织方式将不断涌现，以满足设备需求及人员操作的舒适性。冷热通道隔离封闭是优化气流组织的重要手段，大型及中高密度数据中心尤其倾向于采用热通道封闭（如背板、列间、风墙）及冷通道加装隔离门等方式。在满足机房温度要求的前提下，优化气流组织后，通过适当提高机房设定温度，可提升制冷系统送风温度，有效降低制冷设备能耗。研究表明，蒸发温度每提升1℃，制冷机组性能将显著提高，计算能力优化（Computation Power Optimization，CPO）约增加3.3%。

（2）细化设计颗粒度。细化设计颗粒度，即针对不同类型机房采用定制化的制冷方式，是提升数据中心总体能效的关键。例如，核心网络包间可采用氟泵精密空调解决制冷效率问题。氟泵技术主要应用于风冷直膨式空调机组，通过与原专用空调配合使用，形成压缩机制冷和氟泵制冷两套不同循环模式。夏季或室外高温时，机组运行于压缩机制冷模式，确保机房热量有效排出；而在冬季或室外低温时，机组切换至氟泵制冷模式，利用室外冷源进行散热，此时压缩机关闭，实现节能效果。这种设计方式不仅提高了制冷效率，还显著降低了能源消耗。

（3）利用自然冷源使用热管冷却墙技术。热管空调系统不仅能有效解决水源问题，而且只要室外湿球温度低于20℃，就能有效地利用自然冷源。更值得一提的是，热管空调系统对于改造机房同样适用，展现出了广泛的应用前景。

热管空调系统的原理在于利用室内和室外的温差，使冷媒在气态和液态之间发生相变，从而将室内的热量传递到室外。这一过程中，室内端作为吸热端，室外冷凝器作为放热端，形成了一个无源的、无运动部件的、零能耗且故障率极低的密闭循环过程。

热管冷却墙系统的运行模式灵活多变，根据室外湿球温度的不同，可以自动切换至冷机制冷模式、部分自然冷却模式或完全自然冷却模式。这使得系统能够根据实际情况调整运行策略，最大化地利用自然冷源，降低能耗。

此外，热管冷却墙系统还具有体积小、安装灵活方便、美观整体性高、换热系数大、换热效率高、无噪声影响、安全环保等诸多优点。以盐城某机房的改造为例，采用热管冷却墙后，不仅机房内部美观度未受影响，而且节能效果显著，平均每月节能达到了60.4%。

（4）使用行间空调设备。行间空调，也被称为列间空调，主要分为风冷型和水冷型两种形式。它们被巧妙地布置在机柜中间，紧邻热源，从而能够迅速有效地带走服务器产生的热量。这种设计特别适用于高密度机房、微模块机房以及需要解决局部热点问题的场所。

（5）采用高效模块化UPS 技术设计。每个功能单元均采用了模块化设计，使UPS设备集成了输入模块、功率模块、输出模块及监控模块等，形成一体化结构。更值得一提的是，根据IT设备的外形大小来定制外壳，既满足了功能需求，又提升了整体美观度。

（6）采用240V 高压直流供电技术设计。数据中心IT设备广泛采用240V直流供电技术，即高压直流（High Voltage Direct Current，HVDC）技术，已成为业界备受推崇的不间断电源解决方案。该系统涵盖了交流部分、整流部分和直流配电部分，为数据中心提供了稳定可靠的电力保障。

5.3.4 监控系统

通过先进的数字孪生技术，在设计阶段就能精准地分析整个数据中心或局部区域的能耗情况，并实时反馈模拟运行的PUE值。进一步利用机器学习等AI技术，可实现运行优化，从而达到最低的PUE值，显著提升能源使用效率。

近年来，智能系统的重要性日益凸显。一个优秀的智能系统不仅仅是规则或预设模型的综合体，它还应具备强大的自适应学习能力。这种系统能够基于数据进行驱动学习，运用算法求解进行优化决策，实现负荷预测、系统仿真、算法优化等功能。

负荷预测是智能系统运行的关键一环。其目的在于根据未来的负载工况调节系统运行，而非仅仅基于当前或过去的负载。通过可靠预测未来一段时间的负载，可以为系统运行策略推荐合适的时机，避免盲目切换系统模式。此外，负荷预测还能帮助我们感知未来负荷的走势，实现系统智能化的在线调节，达到“无人驾驶”的运行状态。

系统仿真模型则是评估设定参数性能好坏的重要工具。这种模型可以是基于物理机理的，也可以是数据驱动的，或者是二者的混合。它要求具备一定的自适应性，以保持模型的准确性。在设计阶段，可以利用计算流体力学（CFD）来模拟未来的热量分布，从而优化制冷设备设置、机柜上架规划、冷热通道设计以及服务器配置等操作。通过提前制定优化控制策略和应对方法，我们可以有效避免局部热点和送风不均衡问题，提高用电效率，推动绿色数据中心的设计与实施。

5.4 数据中心可持续发展

5.4.1 数据中心可持续发展能力产业现状

数据中心作为支撑各行业信息系统运行的关键物理载体，在推动技术生态优化和数字经济发展中发挥着至关重要的作用。在“十四五”规划中，明确提出了建设高效、安全、集成互联的信息基础设施的目标，强调增强数据的感知、传输、存储和运算能力。数据中心可持续发展能力的提升，对于夯实产业基础、构建先进且成熟的技术生态至关重要。通过龙头企业引领，围绕核心处理器打造计算产业生态、完善存储供应链条、优化网络互联架构，同时吸引合作伙伴共同构建丰富的上层应用生态和服务体系，能够有力推动数字经济的高质量发展。

数据中心可持续发展能力的概念，借鉴了环境领域可持续发展的理念，但更侧重于从产业角度出发，关注计算类设备、存储类设备、网络类设备、安全类设备以及相应基础软件的技术连续性、供应保障性、技术先进性和使用兼容性。这些要素共同构成了数据中心的可持续发展能力，为数据中心的长期发展提供了坚实支撑。

当前，我国数据中心规模呈平稳增长态势，机架规模持续扩大，市场收入快速增长。然而，随着数字化转型的深入推进，数据中心的应用范围不断拓展，对硬件设备和软件生态的可持续发展能力提出了更高的要求。为了实现对新兴算力应用场景的长效支撑，需要加强硬件层的能力升级，提升关键硬件的性能；同时完善软件生态，增强核心基础软件的研发应用能力，构建健全的产业生态架构。

5.4.1.1　数据中心硬件可持续发展能力

我国数据中心IT硬件设备的发展成效显著，尤其在服务器、存储和网络设备方面，创新进程不断加快。服务器市场方面，我国厂商的市场影响力和产品创造力逐步提升，技术创新步伐加快，节能减碳工作也取得了积极进展。根据IDC的报告，我国服务器市场出货量持续增长，国内厂商在市场份额上占比较大。同时，我国服务器上游部件也在持续突破，CPU、闪存、SSD等关键部件的发展较快，形成了多元化的计算生态。

在存储领域，集中式存储、分布式存储、数据保护、超融合存储四大存储产品实现了从技术到产业的全面提升，为可持续发展奠定了坚实的资源储备。我国存储市场增长潜力巨大，SDS和HCI的硬件出货占比逐渐上升，市场份额接近一半。存储厂商已掌握核心技术和关键器件，产品形态和技术创新快速迭代，满足不断变化的多元应用需求。

在以太网交换机、路由器等网络设备方面，我国厂商已具备基础的可持续发展能力，并积极推动技术创新。根据IDC数据，我国在中高端以太网交换机和路由器市场的份额中，国内厂商占据主导地位。同时，我国在网络核心技术方面也有所突破，部分厂商已具备交换芯片的技术研制能力和产业应用能力。然而，以太网超高速交换芯片的核心技术仍待进一步突破，研发周期长，技术产业化能力仍需加强。

5.4.1.2　数据中心软件可持续发展能力

我国数据中心软件领域展现出蓬勃的发展势头，国内操作系统厂商持续发力，新兴厂商也不甘落后，积极赶超。操作系统迭代速度显著加快，研发能力日益增强。老牌操作系统如红旗Linux、麒麟等不断优化，而华为鸿蒙、欧拉等新兴国产系统也崭露头角，并在国内数据中心得到实际应用。

从总体来看，我国操作系统在技术根基方面仍相对薄弱。大多数操作系统是在国外上游开源社区的基础上进行二次开发，其整体性能和市场影响力尚待提升。因此，加强操作系统的可持续建设显得尤为迫切。

在AI开发框架和机密计算框架方面，我国厂商也取得了显著进展。这些框架在技术成熟度、社区活跃度、生态聚合度等方面持续提升。然而，与国外先进框架相比，我国框架在技术成熟度方面仍有较大提升空间。同时，开源生态的快速发展对社区活跃度提出了更高的要求，只有得到足够多的开发者支持，国产框架如MindSpore等才能逐步成熟。此外，上下游厂商的优势集聚是优化AI框架、提升易用性、构建良性生态的关键要素。

在数据库领域，虽然主流关系型数据库产品主要来自国外，但我国数据库软件行业正在快速成长。国外数据库如Oracle、MySQL、SQL Server等应用广泛、市场份额高、行业影响力大。与此同时，国产数据库如达梦、南大通用、人大金仓等也具备了较为成熟的技术条件。特别值得注意的是，NewSQL、NoSQL、SQL on Hadoop等新型数据库技术成为国产数据库市场增长率最快的赛道，展现出巨大的发展潜力。

5.4.1.3 数据中心可持续发展面临的挑战

数据中心，作为IT产业链技术最为密集、行业分布最为集中的场所，近年来在技术底座的夯实与生态框架的完善方面取得了显著进展，可持续发展初现端倪。然而，当前数据中心基础架构尚显薄弱，部分核心技术仍依赖于国际分工合作，技术先进性和延续性有待提升，软硬件的兼容适配能力也需进一步完善。基础组件的可研、可管、可控，更是一项任重而道远的任务。

在技术连续性方面，尽管我国数据中心相关企业正不断加快技术研制步伐，但由于长期技术储备不足和迭代优化不够连续，技术创新的连续性仍显不足。目前，华为、飞腾、龙芯等企业创新速度正在加快，产品性能也在稳步提升。然而，我国多数互联网公司和公共部门的数据中心底层基础设施在可持续性方面仍有待加强。部分服务器芯片技术方案和产业生态尚未成熟，产业和政府部门在推进数据中心技术产业化方面的动力仍需增强。

在供应保障性方面，IT设备上游供应链关键环节存在短板，难以满足市场对高质量、高可靠性、高性能器件的需求。尽管海光、鲲鹏、飞腾等处理器的应用范围在扩大，部分厂商芯片产能也在增加，但受限于半导体制造设备，先进CPU、内存、SSD等传统器件和新兴器件的供应仍无法满足市场需求。

在技术先进性方面，随着前沿技术的不断发展，数据中心设备已能满足新兴场景的应用需求。技术先进性作为可持续发展的重要动力，仍需持续提升和完善。以存储为例，全闪存存储因其高密度、高可靠性、低延迟性、低能耗等优势，已成为承载企业核心业务、新兴业务和多样应用的先进技术方案，满足数据中心对安全可靠、敏捷稳定、高效智能的需求，支撑业务创新。中国IT企业在全闪存产业取得的技术进步为存储领域的技术创新提供了有利条件，但与全球数据中心应用闪存固态盘的平均水平相比，中国在运用先进技术构建新存储系统方面仍有较大成长空间。

在使用兼容性方面，随着算法适配专有化程度提高，不同加速芯片适配技术变得复杂多样，异构芯片兼容和算法移植适配面临挑战。随着华为、寒武纪等国内加速芯片的推出，算法在多种加速芯片上的应用需求日益增加。尽管各厂商在算法适配技术研发上投入大量精力，但不同自主加速芯片的算法适配在算子匹配、算子开发等方面有特殊要求，针对算法和多种加速卡连通的适配标准仍需加强。此外，GPU上的算法向自主AI芯片移植适配过程中存在精度减弱、算子适配度低、移植后性能差距较大等问题。

5.4.2 国家科学数据中心可持续发展机制研究

5.4.2.1 可持续性的制约因素

科学数据是科技创新活动全过程中最为活跃的要素，因此，各个数据中心均作为整体科技活动和社会运行中的开放系统而运作。这些数据中心的正常运作，依赖于五大关键要素之间的平衡与协调。

（1）发展需求是推动科学数据管理与共享的根本动力。这主要源于国家经济建设、社会发展和安全保障对科学技术的迫切需求。这些需求不仅催生了国家不同时期的科技发展目标和各类科技计划，还明确了科技攻坚的方向与重点。

（2）决策与管理在确保科学数据管理与共享服务的有序进行方面发挥着

重要作用。这包括根据发展需求制定科技发展目标、规划及决策，以及通过公共财政投入、政策导向和法律制度等手段来规范和调整包括科学数据管理与共享在内的各类科技活动。

（3）科技创新活动是科学数据中心建设与发展的直接推动力量。它不仅需要国家在人、财、物上的高强度投入，还需要相关政策、法规的建设，以及对各类科技基础条件平台建设与发展的导向与制约。

（4）政策、法规在科技活动中起着政策导向和社会关系调整的作用。它们通过明确科技活动的方向，规范各方行为，维护科技活动的正常秩序，从而满足国家发展需求。在科学数据共享方面，政策和法规的导向与约束相结合，有助于解决共享过程中涉及的各方权益问题，规范数据管理与共享行为。

（5）在“工程”的建设中，需要认识到国家公共财政的投入是实现其支撑作用的必要条件，而投入责任与绩效管理机制则是确保投入效益最大化的关键。这两者相辅相成，共同构成了“工程”可持续发展的基石。

在“工程”的建设过程中，需要明确各个阶段的目标和任务。在持续运行阶段，国家公共财政将从一个国家级基地的角度，每年给予足额的、稳定的运行经费，以确保科学数据中心的正常运行。

此外，为了保障“工程”的效益最大化及其可持续发展，还需要建立投入责任与绩效管理机制。这一机制的核心在于通过规划、执行、资源配置和绩效评估的相互促进、互为制约，来实现对科学数据中心的有效管理。

5.4.2.2 统筹规划促数据中心可持续发展

受限于技术水平，高校在存储部署和管理上常常面临挑战。由于缺乏整体的设计和考虑，很多高校在采购存储设备时，主要关注的是容量因素，而忽视了性能以及与应用系统的兼容性。

考虑到数据灾备的重要性，EMC提供了包括Avamar、NetWorker和DataDomain在内的备份解决方案和技术，确保数据的可靠性和可恢复性。

云存储技术凭借其数据安全、高吞吐率、高传输率以及简化的存储管理等特点，为用户带来了诸多便利。特别是对于那些数据量庞大的学校而言，云存储的优势尤为明显。它无须额外增加硬件或配备专门的维护人员，降低了管理难度，并允许用户随时根据需求扩展或缩减存储空间，实现灵活控制。

5.4.3 数据中心可持续发展能力提升方案

5.4.3.1 夯实各类芯片技术基础，服务器全栈能力提升

处理器、智能网卡、BMC、RAID控制卡、电源模块和内存等服务器全栈能力建设，无疑是数据中心计算环境优化的核心目标。夯实CPU、GPU、DPU等处理器芯片，以及BMC芯片、电源管理芯片等各类芯片的技术根基，是实现数据中心计算能力可持续发展的关键所在，也是提升服务器能力链效能的有效手段。

我国服务器市场规模正持续扩大，通过采用“控制芯片+RISC-V架构”的策略，正逐步缩小与头部企业在CPU、GPU、DPU等处理器性能上的差距。RISC-V架构为服务器市场带来了新的机遇，它为我国企业提供了发挥人才和研发优势的平台，使得RISC-V架构芯片的作用在丰富的应用场景中得以充分发挥。众多企业如华为海思、全志科技、兆易创新等都在积极推出基于RISC-V架构的芯片产品，推动该架构在服务器市场的应用。

智能网卡行业虽然发展势头强劲，但由于起步晚，国内主流芯片方案在功能和性能上与国际水平仍有差距。然而，随着服务器性能的不断优化和云应用的普及，智能网卡行业将在未来几年迎来高速增长。国内科技企业及创业公司正积极投身智能网卡研发，力求通过提升芯片产品化水平，增强可持续能力。

在基板管理控制器（BMC）方面，我国企业正加大研发力度，提升BMC固件与BMC芯片的可持续进程。多家国内服务器厂商已采用先进的BMC芯片与固件组合，实现对服务器的状态监控和远程控制。同时，我国芯片厂商也在积极研发设计BMC芯片，推动BMC芯片产品技术的不断进步。

RAID控制卡的可靠性与扩展性对于数据中心而言至关重要。通过优化架构模式，提升RAID控制卡的性能，降低故障率，已成为行业共识。采用两层虚拟化管理模式，可实现上层虚拟化资源的高效管理，同时提升硬盘重构速度和降低双盘失效概率。

电源模块作为服务器整机的电源输入，其稳定运行对于服务器的可靠性和可维护性具有决定性影响。我国电源模块市场正逐步实现从原端到芯片端的全链路高效，带动市场规模的进一步扩大和设备性能的提升。华为等企业通过采用先进材料和数字化模型设计，实现了板载电源效率的极致提升，打造了高效的全链路供电方案。

服务器内存芯片作为服务器架构创新和性能提升的关键要素，正带动内存数据访问速度及稳定性的提升。随着数据中心、5G、物联网等需求的增长，服务器内存芯片市场将迎来新的发展机遇。国内内存厂商正积极布局新技术，加速产能和技术的升级，以满足市场日益增长的需求。

5.4.3.2　释放全闪存存储价值优势，存储新技术竞相涌现

存储作为维护稳定高效IT系统的基石，不仅是业务数据安全保存与发挥作用的基础平台，更是数字经济时代新型基础设施的重要组成部分。随着技术的不断发展，多样化存储解决方案应运而生，其中集中式存储、分布式存储、数据保护存储以及超融合存储各具特色。而在这些解决方案中，全闪存存储以其独特的优势，成为存储可持续发展的关键支撑和重要保障。

集中式存储以其高可靠性、高性能的特点，在关键交易系统中得到广泛应用。随着技术的不断进步，采用全闪存的集中式存储逐渐成为数据中心的主流方案。作为最初的企业级存储产品形态，集中式存储至今仍然占据全球存储市场的大部分份额，为各行业的核心交易业务提供稳定的支撑。国内华为、海康、新华三、浪潮等厂商在集中式存储领域具备强大的技术能力，不仅实现了高端存储的突破，而且在国内市场已占据大部分份额。

全闪存存储以其容量大、体积小、成本低等多方面优势，成为数据中心集中式存储部署的优选方案。根据市场数据显示，全闪存存储的市场份额正在逐年增长。从架构层面来看，全闪存存储可分为全新架构和优化架构两种

类型。以华为OceanStor Dorado为代表的产品，采用全新架构的全闪存存储，通过集成AI芯片和智能算法，实现了在线压缩和去重功能，从而降低了存储时延并提高了经济效益，特别适用于虚拟桌面场景和创新业务应用。而针对传统高端存储的架构优化方案，则通过SSD替换和存储微码升级，实现了强性能与高可靠性的平衡，满足关键业务场景的需求。

分布式存储通过网络将多个存储节点连接在一起，以集群的形式提供服务。每个节点都具备存储和计算能力，从而满足高性能场景的应用需求。分布式存储以其高效性、高扩展性、高安全性等特点，成为满足数据存储和数据处理需求的重要解决方案。采用横向扩展架构和分布式架构，分布式存储能够实现更高的存储性能、带宽吞吐和读写能力，满足大规模数据高扩展和高性能存储的需求。同时，通过可视化、规范化、简约化的管理手段，分布式存储实现了存储全生命周期的便捷管理。此外，分布式存储还通过统一存储资源、热备空间、无中心化设计等技术手段，实现了数据的高效共享和价值挖掘，确保数据的可靠性和业务的稳定性。

我国企业正积极推进分布式存储能力建设和技术研发，为数据中心提供可扩展性强、可靠性高、完整度高的存储服务。随着市场规模的持续扩大，华为、新华三、曙光等企业正加快分布式存储产品的研制和技术优化。例如，OceanStor Pacific分布式存储基于先进的SmartBalance全对称分布式架构、存算分离架构和多数据中心多活容灾架构，能够应对多样化应用和多样化负载，提供高效的数据分析和随时随地的数据服务。而浪潮分布式存储则通过搭载iTurbo2.0智能加速引擎，提升了应用响应效率，实现了对关键要素的智能调度。

数据保护产业正逐步走向成熟，其核心目标在于缩短数据备份时长，从而构建高价值的产业体系，实现高收益和广阔的市场空间。随着业务数据的迅猛增长、类型的多样化以及调用频率的提高，数据保护所面临的挑战也愈发复杂。在制定数据保护方案时，必须全面考虑如何存储更多的数据、支持更广泛的类型、提供更高的性能，并兼容和适应更多新兴的应用场景。

目前，主流的数据保护技术涵盖了虚拟卷合成技术、SDS软件与存储相结合的复制与副本技术、应用集群和主备架构等容灾技术以及大型备份容灾系统。在我国，数据保护市场呈现出快速增长的态势。据Gartner数据显示，

2021年第四季度全球专用备份设备市场增长率达到了7.5%，而国内厂商中华为的市场增速更是高达43.5%。我国数据保护产品的分布情况也日趋丰富，满足了不同行业和场景的需求。

华为OceanProtect专用备份存储以其卓越的性能和创新技术，荣获“零碳算力共建计划”数据中心低碳产品与解决方案的认可。它采用双控A-A架构、RAID-TP和防勒索病毒等技术，确保了生产存储的数据可靠性和业务可用性，从而稳定地完成每一次备份时间窗的备份任务和即时恢复任务。浪潮备份一体机DP1000则采用软硬件一体化设计，提供了灵活多样的备份策略和快速数据恢复功能，满足不同级别数据保护的需求。

在数据中心建设优化的过程中，超融合存储发挥着日益重要的作用，市场需求持续激增，发展潜力巨大。超融合基础架构不仅集成了计算、网络、存储和服务器虚拟化等资源和技术于同一套单元设备中，还能通过网络将多套单元设备聚合起来，实现模块化的无缝横向扩展，形成统一的资源池。IDC研究报告显示，中国市场已成为全球超融合存储增速最快的地区。众多存储厂商纷纷深耕超融合市场，部署高性能、高稳定性的存储设备系统，以期在降低成本的同时提升存储性能和功耗比，并建立丰富的生态体系，扩大产品和服务的适用范围。

全闪存存储的高速发展是新应用对性能需求驱动的结果，同时也是闪存技术不断创新的成果。全闪存存储采用固态存储介质构成独立存储阵列或设备，提供百万级的IOPS和1ms以下的时延。在需求侧，新数据时代对海量数据存储的迫切需求推动了存储介质的变革；在技术侧，全闪存存储相较于传统存储具有更快的读取速度、更低的功耗和故障概率，实现了对传统存储性能的全面超越；在产品侧，全闪存产品已融入不同级别的存储系统领域，成为重要的存储技术。例如，华为推出的OceanStor Dorado新一代全闪存高端存储系统，针对企业大中型数据中心设计，能够满足其高性能、高可靠性、高效率的业务需求。

5.4.3.3 深化薄弱环节应用创新，网络基础扎实发展

随着数据中心业务的迅猛增长，网络基础设施的技术能力也在不断夯

实。数据中心内部网络和各数据中心间的网络连接，要求具备高扩展性、高可靠性和高效率，以满足数以万计服务器间的连接需求，确保业务的连续性，并满足计算和存储资源的日益增长需求。在这样的背景下，掌握核心技术并补齐上游薄弱环节成为支撑数据中心可持续发展的关键。

我国在交换机与路由器领域已取得显著的阶段性创新成果，设备研制能力和技术创新生态展现出良好的发展态势。核心交换机作为数据中心网络的中心枢纽，将所有资源紧密相连，为计算、存储等提供高速数据交换，并为安全设备提供网络接入。我国厂商积极参与核心交换机的研制生产，市场份额逐步扩大，华为、锐捷、中兴、迈普、紫光、风云等创新厂商在其中崭露头角。

广域网路由器则负责连接各地数据中心，提供高速、可靠的数据转发服务。在广域网核心层，通过启用MPLS/SRv6技术，实现多个逻辑业务承载平面，并采用了多种可靠性技术以确保网络的安全稳定。为满足核心网的功能需求，大容量、高密度端口及高转发性能的核心网设备成为必备之选。

尽管交换机和路由器整机技术已发展成熟，国内厂商在整机技术及设备软件方面也具备较强的研发实力，但CPU、交换芯片、FPGA、电源转换芯片、连接器等关键芯片和器件的研发仍显薄弱，仍需加大稳固研发工作力度。芯片研制能力的不足，特别是芯片后端设计和生产封装能力的欠缺，以及安全威胁的扩大，都要求我们进一步夯实芯片底座，强化技术工艺流程的掌握。

在光模块产业方面，随着劳动力成本优势的显现和市场需求的扩大，市场份额不断提升，技术优势持续巩固，预示着800G时代的即将到来。我国的光模块厂商如中际旭创、华为、海信宽带、新易盛、光迅科技等在全球市场中展现出强大的竞争实力，市场份额快速提升。随着厂商加大在400G/800G高速领域的技术投入，800G光模块的生产规模和资金投入不断扩大，市场有望在后续逐步放量。据预测，全球光模块市场规模将在未来几年内保持快速增长，为整个产业链带来新的发展机遇。

5.4.3.4 增强网络安全硬件支撑，高性能、高可靠是关键

防火墙作为守护网络安全的首道防线，对高性能、高扩展性、高可靠性及低时延有着严苛的要求。部署高集成度的安全专用CPU，并不断提升硬件整机系统各部件的技术水准，可以显著增强防火墙的硬件能力，进而有效加固其安全防护功能。

数据中心，作为关键信息基础设施的核心，承载着企业的核心业务和海量数据，其网络安全问题日益凸显。为了确保数据中心网络和内部服务器的安全无虞，防火墙产品的部署显得尤为关键，它们提供网络安全隔离、访问控制、攻击防范和入侵防御等多重功能。防火墙的架构精心设计，确保其在不同位置发挥最佳的安全防护作用。

高集成度的安全专用CPU的部署，是加强防火墙部件防护能力的有效手段。通过采用SoC架构，我们可以提高CPU芯片的集成度，在CPU外围集成安全专用业务处理模块，如NP加速处理、硬件加解密、IPS加速模块等。这些模块通过内部高速总线与多核CPU、业务处理模块和接口扩展模块实现高效通信，从而有效解决防火墙的算力瓶颈问题。

实测数据表明，这种专用安全CPU的算力远超通用CPU，高达3~5倍。同时，使用专用安全CPU的防火墙在小包吞吐、商密IPSec性能等方面也表现出色，是同等级别使用通用CPU的防火墙的2.5~5倍。

要降低数据泄露风险，还需不断提升PHY、CPLD、FPGA、电源芯片等除CPU外的硬件整机系统部件的技术创新能力、开发工具、工艺水平、设计能力和整体竞争力。这样，防火墙硬件整机才能具备100%的可持续发展技术能力，确保网络安全的稳固与高效。

5.4.3.5 打造开源操作系统生态，覆盖多样化应用场景

开源操作系统凭借其聚合供应链的优势，能够迅速推动技术创新与优化，为各类设备和全场景应用提供坚实支撑。这一系统采用开放的社区形式，与全球开发者携手构建支持开放多元架构的软件生态系统，进而支持多种处理器架构，覆盖数字设施全场景，有力推动企业数字基础设施软硬件和

应用生态的繁荣发展。

华为开源的openEuler操作系统，正是这一趋势的生动体现。基于openEuler，联通CULinux、电信CTyunOS以及华为欧拉等服务器操作系统迎来了新的发展机遇。根据华为的数据，2021年，中国联通与openEuler社区携手发布了操作系统CULinux数据中心（欧拉版）；到2022年，欧拉的装机量新增超过200万套。中国电信推出的CTyunOS操作系统，作为国内运营商首个基于欧拉的x86和ARM研发双版本，已在全国上线超过1万套。

openEuler操作系统不仅发挥着技术孵化的作用，更激发了开源社区的创新活力。它在政府、运营商、金融、能源、交通、互联网等多个行业实现了规模应用，累计装机量已超过130万套。通过构建开放的技术生态，开源操作系统实现了资源的有效集聚和研发创新，成为提升可持续发展能力的有效途径。

对于企业而言，一方面要关注操作系统生态的核心技术，壮大正在建立或筹划建立的开源软件基金会的技术生态；另一方面，还需进一步加强各类开源社区的资源集聚能力，吸纳更广泛的研发力量和更成熟的运行机制，共同推动开源操作系统生态的繁荣与发展。

5.4.3.6　强化开发框架适配力，推动异构算力标准化

AI开发框架在算法易用性、硬件高效性和成本可控性等方面各具特色，其适配技术管理能力和机制日益规范和完善。随着深度学习技术的日益成熟，训练框架如雨后春笋般涌现。例如，PyTorch、TensorFlow、MXNet等国外框架凭借出色的算法易用性和硬件高效性，已成为学术界和工业界的佼佼者。同时，国内自主研发的深度学习训练框架如PaddlePaddle、MegEngine、MindSpore、OneFlow等也相继开源，配合自主异构算力提供方的指定硬件，在速度和成本等方面展现出相较于国外框架的独特优势。

产业界不断加强对AI训练和推理框架的管理，推动深度学习训练框架在异构算力上的适配和标准化发展。随着训练框架的不断增多，推理框架的迭代速度也在持续加快。NVIDIA的TensorRT和Intel的OpenVINO等是硬件厂商针对特定硬件推出的推理框架；MNN、NCNN等则是支持多种硬件的端侧推

理框架。尽管如此，现有推理框架仍难以满足同时支持ARM CPU、Mali GPU等端侧通用硬件以及对专用硬件的良好支持的需求。

5.4.3.7 加速机密计算商用化进程，确保数据要素高可靠性

机密计算市场的发展远超预期，众多科技巨头纷纷涉足这一领域，积极探索和开发机密计算技术，商业应用步伐不断加快。机密计算作为一种保护数据隐私的计算原则，基于硬件的可信执行环境（TEE）保护正在处理的数据，确保数据的完整性和保密性以及代码的完整性，为企业构建一个安全且富有弹性的环境。根据EverestGroup的市场调研结果，预计至2026年，机密计算市场在理想情况下将以90%~95%的年复合增长率增长，即使在不理想的情况下，也将至少以40%~45%的年复合增长率增长，其中中国市场的占比将达到10%~15%。

各大厂商持续提升机密计算框架的开发水平。阿里云作为较早推出机密计算的大型公有云服务商，已在全球范围内实现了机密计算的商业化，其云上用户可以利用机密计算技术实现更高级别的数据保护能力。我国通用计算芯片厂商也在不断创新，通过国密计算加速、信任根自主可控、离线远程验证等特性，精准切中了企业用户的痛点。当前，TEE应用生态正处于高速爆发期，相信借此机遇，机密计算框架的开发生态将迎来更加壮大的发展。

5.4.3.8 构建数据库发展新格局，赋能新技术应用

数据库生态持续完善，市场空间广阔，其发展格局不断适应增长和技术要求。数据库作为企业海量数据存储、分析、计算与管理的核心部件，必须能够胜任企业场景下的数据管理和处理任务，同时保持技术独立，长期演进，为企业提供一个安全、稳定的数据管理平台。IDC数据显示，2022年全球关系型数据库市场中，Oracle占据约42%的市场份额，微软占据约24%的市场份额，IBM占据约13%的市场份额，这三家共占据约79%的市场份额。

我国数据库市场增长潜力巨大，形成了“4+N”的发展新局面。根据中国信息通信研究院的数据，2020年中国数据库市场规模约为241亿元，预计

到2025年将达到688亿元，年复合增长率为23.4%。在国产数据库领域，达梦、人大金仓、南大通用、神舟通用等资深厂商与阿里OceanBase、华为高斯GaussDB、华胜天成等新型厂商齐头并进，共同推动市场发展。尽管以Oracle为代表的国际大型厂商在技术壁垒、生态基础和先发优势方面具有较强实力，但随着数据库技术的不断创新和信息技术的迭代升级，传统关系型数据库大型厂商在集中式数据场景的技术优势逐渐被削弱，为数据库厂商提供了新的发展机遇。

5.4.4　数据中心可持续发展能力提升建议

5.4.4.1　发展模式深刻转变，体系化布局稳步构建

我国数据中心硬件产业正经历着发展模式的深刻转变，从原先的“专注核心业务+全球供应协同”模式，逐步迈向“掌握底层技术+体系化生态布局”的新阶段。面对全球产业发展形势的复杂多变，我国高度重视供应能力的安全保障，致力于培养和发展自身全供应链的生产能力，确保核心竞争力的掌控。

“十四五”规划明确指出，要加大重要产品和关键核心技术的攻关力度，发展先进适用技术，强化全供应链的稳定性和运转能力，形成具有更强创新力、更高附加值、更安全可靠的产业供应体系。例如，华为等公司积极倡导全面布局根技术，构筑底层基础领域的可持续发展能力，并通过系统整合全球供应资源，打造新型体系化生态系统。

5.4.4.2　软硬协同优势凸显，计算性能实现飞跃

在单一硬件技术突破已无法满足产业技术升级与迭代需求的背景下，软件技术作为硬件性能提升的“倍增器”与“放大器”，软硬协同正成为突破硬件“技术瓶颈”的关键力量。业内普遍认为，通过软硬协同，硬件架构的

性能提升潜力能够转化为整体性能的两个数量级的增长，从而实现计算性能的指数级提升。

谷歌等公司的研究实践表明，通过定制化改造模型，可以充分发挥专用芯片的算力，实现与数据中心大型机相媲美的性能表现。华为发布的GPU Turbo技术，通过软硬件协同的图形处理加速，显著提升了图形处理效率并降低了功耗，充分释放了硬件优势。

5.4.4.3 开源模式引领创新，集聚资源激发活力

开源模式已成为全球软件产业开发的重要范式，通过集聚全球研发资源，激发数据中心软件领域的创新活力。数据中心作为技术密集型和资本密集型行业，在数字经济时代具有显著的规模效应。成熟的开源生态不仅基于技术优势形成，还通过内外部资源的不断交互反哺并强化技术优势，形成良性循环。

我国在软件相关领域虽取得诸多创新成果，但在AI底层算法、云平台基础架构和芯片指令集等核心技术方面仍有提升空间。开源生态作为吸纳全球研发资源、激活国内创新活力的重要平台，正带动我国数据中心软硬件核心技术和可持续生态建设的体系化突破。目前，国内外众多设备厂商、云厂商和电信运营商正积极推动数据中心软硬件开源项目的发展，包括RISC-V开放指令集、OTII边缘服务器、白盒交换机以及众多开源操作系统的兴起，这些举措均有助于提升我国数据中心的自主可控能力和对不同应用场景的适配能力。

第6章 数据中心智能化运维

数据中心智能化运维是集人工智能、大数据等新一代信息技术应用于管理平台与数据中心自动化运行设施深度融合的新型运维模式与综合解决方案。它通过对运维设施、平台与体系的全面建设，提高运维效率、降低成本、提升系统可靠性，并推动产业向精细化、绿色化、智能化发展。本章主要对数据中心智能化运维的基本概念、发展历程、目标与理念，数据中心智能化运维发展核心，数据中心智能化运维发展实践等进行分析与讨论。

6.1 数据中心智能化运维概述

6.1.1 基本概念

数据中心智能化运维是采用新一代信息技术，如人工智能和大数据分析，与数据中心自动化设施紧密结合的先进运营模式和整体策略。这一策略的实施，涉及对运营设施、管理平台、系统架构和服务模式的整体优化。一方面，借助数据中心基础设施监控（DCIM）和数字化运营服务管理（DOSM）等工具，与自动化设备相结合，以实现系统的自我检测、自我调节以及自我应急响应；另一方面，我们构建一个涵盖所有精细运营环节的管理框架，这个框架以人为本，围绕任务、资源和流程等维度，重新定义数据中心的运营价值观。

数据中心智能化运维框架结构1.0如图6–1所示。

在数据中心运营过程中，数据的流动经历了一个完整的过程：首先通过传感器进行数据收集，接着由DCIM系统进行实时的监测与管理，然后将这些数据转化为对业务有实际意义的信息，并最终利用这些数据指导管理决策，从而实现预防性维护的价值。将数据的规范化采集视为运维生命周期的起始点，从这个角度看，智能化运维不仅是一个系统性的项目，而且有着深厚的内容和广泛的适用范围。它需要将数据中心的硬件设备、监控系统、管理平台以及日常的运维活动紧密地结合起来，以此推动整个行业向更加精细、环保和智能的方向发展。

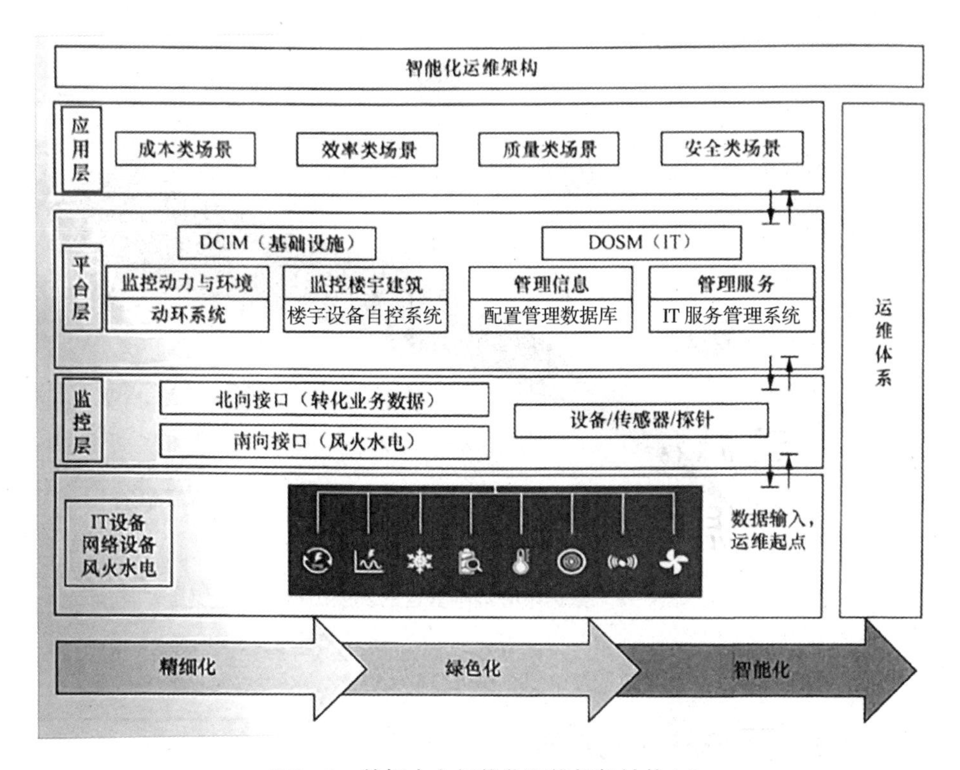

图6-1　数据中心智能化运维框架结构1.0

6.1.2　发展历程

我国数据中心运维的发展可以追溯到21世纪初，其历史大体可被划分为四个阶段。图6-2清晰地展示了数据中心运维管理的发展历程。

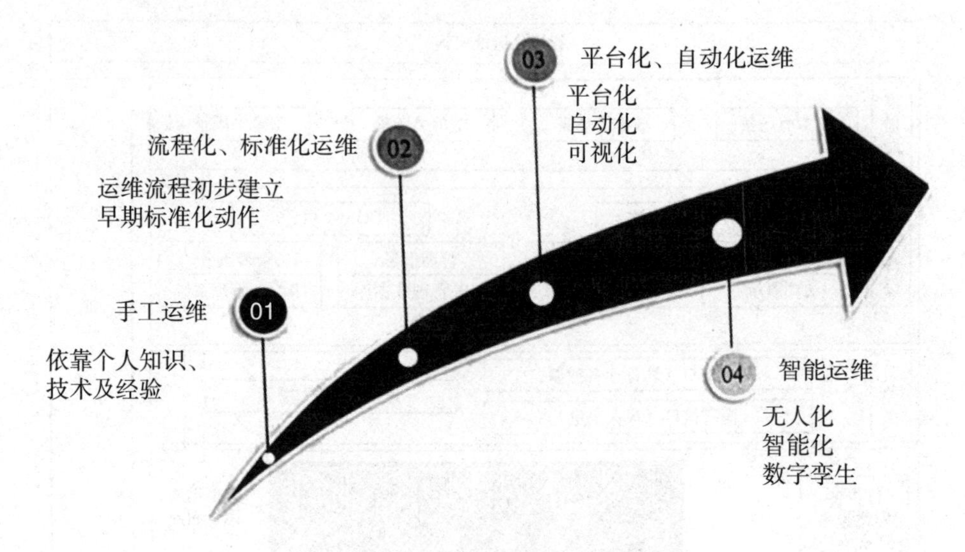

图6-2 数据中心运维管理的发展历程

6.1.2.1 依赖人工的运维

在信息化刚刚起步的时期，由于缺乏高效的运维工具和操作手册，运维工作高度依赖于个人的专业知识、技能和经验。所有的运维任务都需要人工操作，因此，运维人员的任何失误都可能对数据中心的稳定运行造成影响。

6.1.2.2 流程化与标准化的运维

随着运维业务量的增长超过了人力资源的增长，许多企业开始着手建立标准化的运维流程。通过初步的制度化和标准化，减少了由不同人员操作带来的差异性。在这一阶段，标准化的流程和分析方法使得不同操作员完成的检查报告质量趋于一致，从而降低了人员流动对数据中心运维稳定性的影响。

6.1.2.3　平台化与自动化的运维

在我国数据中心产业迅猛发展的时期，“云-边-端”的算力布局初步形成。由于不同形态的数据中心结构各异，运维方式也各有不同，因此需要满足现场生产和远程集中管理的运维需求。数据中心可以借助DCIM等平台或工具，对可复用和高度标准化的工作进行整合，通过算法实现自动化运维，并对执行过程进行监督，从而优化运维管理。目前，我国数据中心的运维已经呈现出平台化、自动化和可视化的特点。

6.1.2.4　智能化运维

随着5G、AI、云计算和大数据等新一代信息技术的飞速发展，数据中心的运维管理模式也正在经历深刻的变革。为了满足数据中心产业对提高人员效率和能源利用效率的迫切需求，运维管理正逐步进入以设施、平台、体系和服务为核心的智能化运维阶段。在全自动、互联、自运维的基础设施环境中，数据中心可以通过全面的监控系统精确地感知和定位故障，并通过智能决策系统下达变更和维护指令，从而实现从数据输入到预测性维护的全数字化运维过程。基于数据建模，运维过程可以实现可视化，“无人值守”也能保证运维的安全和效率。随着数据中心业务数据的不断积累，AI和大数据等技术将在数据中心运维领域发挥更大的作用。智能化运维将从个别突破扩展到整个架构和全场景的优化实施。但要实现真正的智能化运维还有很长的路要走，预计未来将呈现出无人化、智能化和数字孪生等显著特征。

6.1.3　目标与理念

6.1.3.1　生产连续性

对于数据中心运营管理者而言，确保用户业务的持续运营是至关重要的，这直接依赖于数据中心的稳定运营。业务持续运营管理源自传统的IT备份与灾难恢复规划，它可被视作组织进行综合管理的一个流程。通过实施业务持续运营管理，我们能够识别潜在的风险，并提供一个指导性的框架来增强组织的恢复能力和有效的应急反应能力。运营持续性是指在数据中心基础设施层面实现智能化操作的过程，根据预设的设计标准和结构冗余，结合业务需求和管理规定，数据中心基础设施在遇到不超过设计运行目标的异常情况时，能够按照预定模式持续运营。即当外部环境发生故障变化时，数据中心基础设施能根据实际需要进行资源调度和紧急操作，以确保运营的持续性。

6.1.3.2 运维即服务

服务化运维是借鉴了“软件即服务”的理念，并在研究数据中心服务转型的基础上提出的新概念。近年来，运维在数据中心整个生命周期中的重要性逐渐提升，已成为数据中心企业的软性核心竞争力之一。其管理模式正逐渐从“以技术管理为中心”转变为“以服务为中心”。如今，运维管理已成为企业产品价值链的关键环节。业界普遍认为，提供服务的过程就是创造价值的过程。如果实现了“服务化运维”的发展目标，数据中心的运维部门也将从传统的成本中心逐渐转变为价值中心。

6.1.3.3 数据驱动管理

数据驱动管理指通过底层监控系统收集大量数据，将这些数据组织成信息，并对关键信息进行整合和提炼，为数据中心运营者提供实时、准确的管理决策依据，从而提高数据中心的运营效率和产出。基于数据的决策模式是通过数据训练和模型拟合，形成自动化的决策模型，从而实现以数据和算法为基础的预测性维护和智能化警报。整个过程强调利用数据的“洞察力”来推动数据中心的管理价值。

6.2　数据中心智能化运维发展核心

政策正在引导数据中心运维管理走向智能化。2021年7月，工业和信息化部公布了一项为期三年的行动计划，名为《新型数据中心发展三年行动计划（2021—2023年）》，该计划明确指出，需要关注新型数据中心在供配电、制冷、IT、网络设备和智能化系统等核心环节，强化优势，补充短板。数据中心的智能化运维代表了新一代信息技术与数据中心设施、平台和服务三层架构与体系的深度融合方案。只有深入分析和理解各部分的发展脉络和推进逻辑，我们才能更好地促进数据中心智能化运维的发展。

6.2.1　设施自动化运行

目前，数据中心行业正面临规模庞大、增长迅速和交付紧迫的发展挑战，同时运维工作也遭遇到诸多难题，如成熟人才的匮乏、人员流动性大以及知识和技能储备不足等。为了适应产业智能化运维发展的下一阶段，满足“无人值守”和无人化极致安全的需求，电气、暖通和安防等自主化操作设施将与软件能力相结合，从问题的迅速发现、及时报告、准确判断和高效处理等多个角度，协助数据中心摆脱“人为主责”的现状，以满足客户日益提高的服务等级协议（SLA）要求。自动化运行设施如图6-3所示。

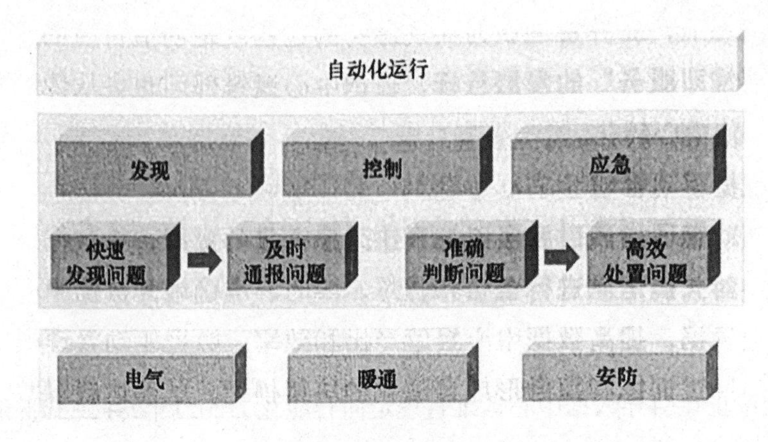

图6-3 自动化运行设施

数据中心设施自动化运作的发展与演变，与美国汽车工程师学会（SAE）对自动驾驶技术的成熟度分级有着异曲同工之妙。研究显示，自动驾驶对提升社会安全和效率具有积极影响。对于数据中心的“智能驾驶”而言，如果基础设施能在出现故障时及时发现、控制并应对，那么它可以替代人类执行相同的运行操作。确保数据中心安全、高效运行是每个运营者的核心目标。传统数据中心要实现这些目标，需要大量优秀的人才。然而，随着新基建和“双碳”等国家政策的实施，一方面，人才资源的有限性制约了数据中心的快速健康发展；另一方面，过度依赖人力也增加了数据中心运行的风险。从安全角度来看，调查显示，在数据中心故障宕机事件中，人为操作失误占比超过60%。数据中心面临的外部风险具有高度不确定性，如区域性限电、极端天气、机电系统老化和能效控制失误等。要守住安全底线，仅靠人力是远远不够的，需要建设自动化运行设施以提升数据中心的安全性。从效率角度看，与汽车自动驾驶相似，数据中心设施的自动化运行可以减少对人员的依赖，提高运维效率。数据中心的“智能驾驶”是一个系统工程，需要考虑从建设到运营、从硬件到软件的各个环节。这不仅需要培养观念和习惯，还需要投入大量的人力和时间成本。

SAE将汽车自动驾驶分为L0～L5六个等级，从完全人工驾驶到完全自动驾驶。类似地，T/CCSA403-2022标准定义了数据中心基础设施在多种故障场景下，取代人类作为主责方完成相同操作目标的程度。数据中心自动化运行的发展从完全人工运行的初级阶段到全自动运行的高级阶段被分为五个等级。未来，数据中心有望达到第四等级，实现自动预测性故障排除和分析、全自动应急处置以及AI能效管理，运行状态几乎可以达到“无人化”。数据中心设施自动化运行能力分级之间的差异与关系如图6–4所示。

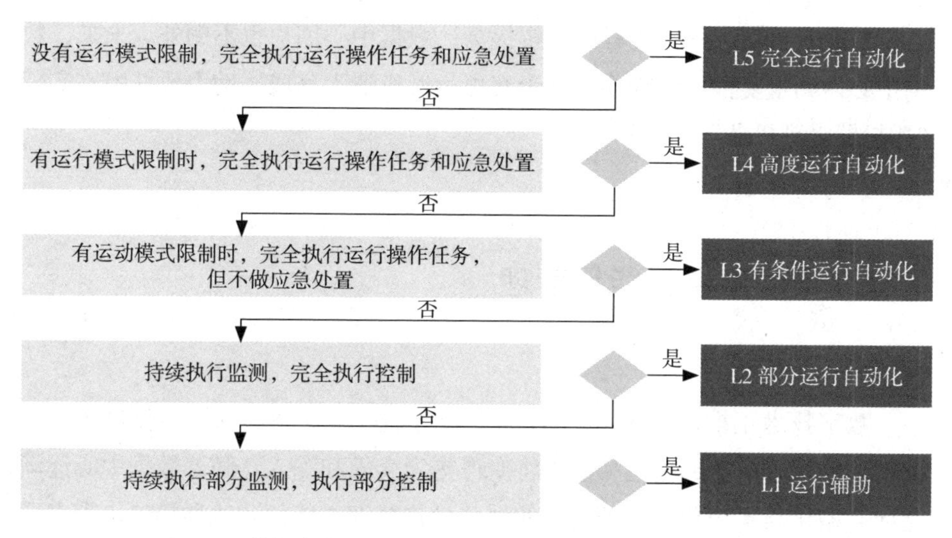

图6–4　数据中心设施自动化运行能力分级之间的差异与关系

在初级阶段L1，以人工为主，设施仅起辅助作用，实现数据的监控和采集，具备设施和系统的故障报警、电气自动切换能力。目前，许多现有的数据中心都处于这一级别。在L2级别，人类仍然承担主要责任，与设施共同完成任务，始终以人为主导。L3级别则更进一步，以设施为主导，人类辅助，实现半自动运行和远程控制。故障后的应急操作可以在设施半自动模式下完成，初步解放了运维人员的工作。L4级别则实现了设施的高度自动化运行，可以预测系统和设施的劣化趋势及故障，并采取自动化的能效调控措施。这初步实现了数据中心运维人员大脑的解放，在较长时间内无需人工干预。在特殊情况下，运维人员可以远程接管，实现现场无人值守。

未来理想状态的智能化数据中心将实现软件业务的垂直整合，从原来的分层解耦转变为垂直整合。同时，智能化运行的数据中心在运维效率、部署方式和最终实施环节上将与传统数据中心截然不同。

随着机器人技术与数据中心智能化巡检、运维操作的结合日益紧密，智能机器人的规模化商业应用逐渐成为现实。数据中心智能化巡检/运维机器人能够显著提升效率。当前，机器人、AI、物联网等先进技术已经取得了显著进展。在工业领域，机械自动控制系统日趋成熟，如机器人、机械手臂、自动导引运输车（AGV）和自动导航控制系统等新型应用层出不穷。这使得各行各业对机器人的接受程度大幅提高，数据中心用户也不例外。未来，数据中心内的重复性标准操作将逐步交由运维机器人完成，助力数据中心实现“用机器管理机器”的愿景。

6.2.2 平台智能化管理

数字技术正推动着DCIM（数据中心基础设施管理）的智能化进步，监控管理等核心功能的构建和应用将变得更为全面和深入。随着数据中心逐渐走向大型化与集约化，管理模块的划分日趋精细。然而，这种趋势也带来了成本的激增以及对基础设施关键技术的更强依赖。同时，物联网、人工智能、数字化3D技术、数字孪生等新兴科技已得到广泛应用。在DCIM领域，未来的发展重点在于高效建设和精准应用监控管理、运维管理、运营管理及安全管理等核心功能。就建设而言，DCIM正朝着基础设施及多个子系统的集中化管理迈进。在应用层面，部件级、设备级、链路级乃至整个数据中心级别的运行状态、关键参数及故障警告等信息，都将朝着全局可视化的方向发展，从而协助管理者更为直观地把握数据中心的运营状况。以运营管理中的容量管理为例，数据中心企业始终在追求，在相同成本下如何最大程度地缩短项目的上线交付周期。企业用户不断地投资于IT系统和数据中心的建设，目的也是为了抢占市场先机，以支持经营决策。据中国信息通信研究院的数据显示，当前我国数据中心的规模已超600万架标准机架。然而，数据中心的资源利用率仍有待提升，某些地区的资源闲置率高达50%，这无疑造成了一定的资源浪费。数据中心管理团队还面临着另一挑战，即数据中心能否灵活调配计算资源，以迅速支持新业务的上线。从本质上讲，容量管理主要是为了解决资源的调配问题。其目标是应对非线性业务需求的增长，实现计算资源的弹性使用，同时确保成本可控，以满足用户的业务需求。DCIM的管理和服务范围广泛，如图6-5所示，涵盖了多个关键领域。

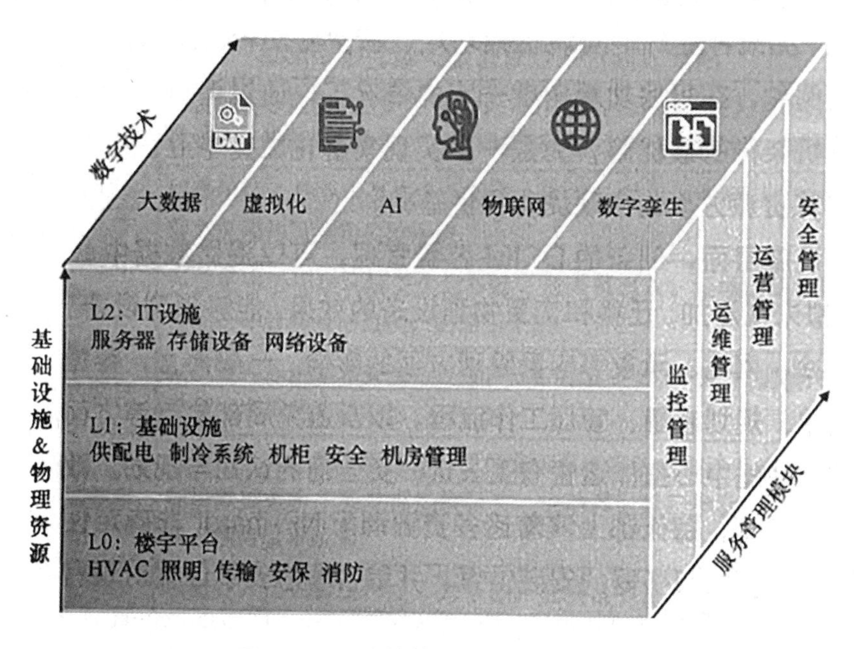

图6-5　DCIM的管理范畴与服务能力

容量管理在当今数据中心产业不断扩展的背景下，显得尤为重要和迫切。根据中国信息通信研究院2022年发布的《数据中心白皮书》数据显示，我国数据中心的机架规模在持续增长，其中大型及以上数据中心的机架规模占比已达到80%，成为行业增长的主要推动力。随着国家政策的推动和企业业务需求的不断增长，云计算数据中心的规模逐渐扩大，千架，甚至万架机架的数据中心已经变得非常普遍，超大型数据中心也在不断涌现。另一方面，大型云服务提供商和互联网企业需要管理数百个机房和数万台机架。作为重要的固定资产，这些机房和机架需要高效利用电力、制冷、网络、空间和承重容量等资源，以避免任何资源维度的浪费或超负荷运行，从而最终实现整体运营效率的最大化。因此，容量管理变得尤为关键，它不仅可以优化资源配置，还能提高数据中心的运营效率，满足不断增长的业务需求。

在数据中心未来的演进趋势中，多元化资源将根据各异的业务和需求进行灵活分配。为实现智能且迅速的资源调配，我们重视的容量指标已不仅局限于机架位置、电力等基础设施指标，计算能力也已成为容量管理中不可或缺的一环。需要借助高效的平台或工具，实时监控计算、网络和存储等资源的使用状况，并基于实时运行状态调整资源配置，以达到资源的最大化利用。从长远的视角来看，DCIM有望将基础设施管理水平提升至更为智能化的业务分配层面。展望未来，新的技术或产品有望进一步实现机架功耗、服务器功耗以及网络端口利用率的精细化优化。例如，在机房功耗密度固定的情况下，我们可以通过调整部分机架的功耗峰值，以达到机架内部的最优化配置，这为集群化数据中心在基础设施、网络资源和计算资源方面的整体优化奠定了坚实基础。

在基础设施层面，创新的DCIM容量管理技术能够提供数据中心当前的物理状况，并能模拟未来设备添加、迁移和更改的效果。这种技术可以预测设备变更对空间、电力供应、制冷、网络和承重等容量管理方面的影响。通常，容量和变更管理涉及模拟结果、规划容量、管理工作流程以及避免局部热点问题等，使运营者对数据中心的整体运营有更长远、更全面的认识和规划。在数据中心的全生命周期运营中，资源调配经常会面临诸多复杂的挑战。管理者需要迅速确定服务器的安装位置，并全面考虑该位置对现有电路的影响，以及新增服务器对系统冗余和安全性的影响。但在传统数据中心运营模式下，运营人员往往只能根据有限且零散的数据，依赖个人经验进行决策。一旦出现误判，就可能导致严重的问题，如机柜超过电源容量时服务器断电。而DCIM技术可以通过测量机柜中每个设备的用电量，根据科学数据做出负载均衡的决策。DCIM可以帮助避免线路过载和断路器跳闸，使运营者有机会在发生故障前作出合理的预判和调整。如果某个机柜接近其容量极限，DCIM还能生成预测性模拟选项并进行评估，以确定最佳的预防方法。为了实现基础设施与IT设施的融合管理，智能化管理的对象应涵盖基础设施（如电力、制冷、机柜、安防）、IT设备（如服务器、交换机、存储设备）及其相关环境。管理活动应贯穿数据中心基础设施的全生命周期，包括运维和运营行为，并提供集中监控、资源规划、日常运维和成本优化等管理模块。一个有效的运营管理系统不仅可以帮助数据中心确保基础设施的高可用性，提高资源利用率，降低能源消耗和人员成本，还可以通过流程化管理提升服务水平，提高数据中心的运营效率和经营产出，实时、准确地提供管理决策信息，最终实现以数据驱动的管理价值。

在此背景下，构建数据中心智能化管理平台应遵循“以用户需求为导向，以价值为目标”的原则。该平台的核心价值应包括安全性、效率和合规性。有关数据中心智能化运营管理平台的建设原则，详见表6–1。

表6–1　数据中心智能化运营管理平台建设原则

安全	设施安全	以数据中心设施设备安全为目标，依托多种物联技术进行在线数据采集，通过机理、数理分析手段，实现事前预防预测、事中敏捷感知、事后精确处置
	人员安全	以数据中心作业人身安全为目标，通过标准化作业指引、知识赋能，实现高危操作可控和风险规避
	环境安全	以数据中心场地环境安全为目标，对人员出入、场地活动、环境趋势进行规范审计和全面监控，防患于未然
	信息安全	以软硬件系统信息安全为目标，系统健壮、无漏洞，数据资产可控可信，产品技术不受外部制约
效率合规	设施效率	以节能低碳、降本为目标，通过监测供电系统、制冷系统的质量、效率，应用数据分析手段发掘低效源头，主动调优运行参数，提高电能利用效率、制冷供冷效率
	人员效率	以提升人员运维工作效率为目标，提供电子化、标准化、流程化操作工具，打通线上线下作业壁垒，提升日常作业效率、服务响应能力，提高人均运维产出
	运营效率	以提升数据中心经营质量为目标，平台智能支撑运营管理者精细化资源投放，合理、充分发挥基础设施存量价值，提高运营收益
	管理合规	以可审计、可追溯为目标，确保过程有迹可循

6.2.3　体系精细化落地

面向业务需求，用户对服务质量的严格要求正推动企业构建低成本、高效率的精细化运维体系。随着新一代数据中心和“东数西算”等重大项目的落地实施，大量大型和超大型数据中心项目正在兴起。但海量的设备和复杂的系统为管理带来了前所未有的挑战。若没有与现代数据中心相匹配的精细化运维手段，传统粗放的基础设施、IT和网络管理方式将会导致电力和网络资源的浪费，从而难以满足用户对业务的高标准和高需求。

高效的运维流程体系需要随着数据中心业务策略的调整而持续更新，以提升管理流程的规范性和运维的价值。仅仅依赖先进的智能化管理平台或自动化设施并不足以确保数据中心的顺畅运营。一套科学的运维管理方法论能帮助企业明确数据中心全生命周期运维管理的关键环节，提升运维团队的工作效率，并有效挖掘运维的潜在价值。随着企业的发展和变化，管理方法论也应不断更新，以避免因过分依赖技术工具而忽视管理策略而导致的运维效率下降。运维是数据中心生命周期中最持久的阶段，因此构建和完善运维体系及其实施流程至关重要。数据中心的精细化运维要求更细致的分工和更高的质量管理标准。只有在运维体系建设和流程规范上不断突破创新，才能实现数据中心运维的高效和创值。

技术手段和运维体系的综合应用，可以全面覆盖数据中心运营的各个方面，包括设备管理、流程管理、质量管理、资源管理和人员组织管理，从而构建全方位的运维服务能力。以设备管理为例，它涉及设备监控、告警处理、状态管理和健康评估等核心活动。利用大数据和AI技术，可以基于历史数据对设备的健康状况进行评估，并制定相应的运维计划。在流程管理方面，关键活动包括维修、保养、巡查和演练等。以巡查为例，虽然日常巡查的部分工作可以由监控系统替代，但仍需加强专项巡查以弥补监控系统的不足。质量管理环节则侧重于风险管理、事件处理、问题分析和文档管理等。与事件处理强调速度不同，问题分析更注重找出事件的根本原因，并制定解决方案以防止类似事件的再次发生。在资源管理方面，需要重点关注能效管理、容量规划、资产和配置管理等关键活动。例如，在资产和配置管理中，利用RFID技术对固定资产进行标签式管理，实现资产的可视化和信息的实时更新。在人员和组织管理方面，重视供应商管理、交接班管理、培训和考核等活动，以确保人员和组织的高效运作。

目前，相关标准已经提出了数据中心精细化运维的成熟度模型，表6-2详细定义了上述各个环节的目标和能力要求，为数据中心的高效运维提供了明确的指导。

表6-2　数据中心精细化运维成熟度模型

能力域	设备管理	流程管理	质量管理	资源管理	人员与组织管理
过程域	设备监控	维修	风险管理	能效管理	供应商管理
	告警管理	维保	事件管理	容量管理	交接班管理
	设备状态管理	巡检	问题管理	资产与配置管理	培训与考核
	设备健康度管理	演练	资料文档管理		

6.2.4　服务价值化输出

广义的运维涵盖了管理与服务两大层面。从内部管理角度看，管理者需审视“我应管理哪些内容？”，这涉及对数据中心各项管理对象进行全面规划、组织、协调和控制，涵盖设备管理、流程梳理、质量控制、资源配置以及人员和组织管理等多个维度。内部管理的核心在于提升工作效率。经济学中的“生产力决定生产关系”原理，为运维工作的服务范围提供了理论指引，即服务层面的本质是管理者需深思“我能提供何种服务？”的过程。与管理不同，服务是对外拓展，关注的是运维团队所具备的能力及其对外输出的方式，因此，服务的重点在于快速响应和升级。根据ODCC的估算，2022年中国数据中心基础设施运维市场的收入已突破100亿元，且过去五年的市场增长率均保持在20%以上。数据中心运维服务正朝着更加专业和细致的方向发展，这也意味着专业人才的需求将持续增加，行业内的专业分工将更加明显。在面对成本和效率等挑战时，数据中心运营商是否能够有效利用工具来提升效率，以及这些工具是否真正发挥作用，将直接影响到运维服务的增值能力。一些数据中心在追求价值最大化的运营模式下取得了显著成效，这也将促进专业第三方运维服务市场的进一步发展和壮大。

6.2.4.1 成本类场景

数据中心采纳AI软件等工具进行绿色运维，不仅是为了响应绿色经济和“双碳”减排的号召，更是为了实现数据中心的持久发展。通过引入AI技术进行优化，即使是轻微的电力消耗降低，也能转化为显著的成本削减。因此，提升能源使用效率，减少数据中心能耗，并构建绿色的运维服务体系，已成为新型数据中心的重要发展方向。近年来，在“新基建”的推动下，数据中心的基础建设已日趋完善。随之而来的挑战是如何在运营和能源管理上更好地满足用户对高效能和低成本的期待。同时，面对互联网和金融等行业用户的高标准服务等级协议（SLA）要求，数据中心运维团队需要在确保数据中心的安全性、可靠性和灵活性的基础上，进行能源管理，以提供优质的绿色运维服务。

目前，数据中心的节能潜力已被深度挖掘，供电负载系数的降低空间已近极限，因此，冷却系统成为提高能源效率的关键领域。数据中心通常需要复杂的冷却系统，在多种温度和湿度参数的制约下，数据中心的能耗优化变得复杂。现在，行业趋向于运用机器学习的方法，利用历史数据训练模型来学习各种输入输出间的复杂关系。通过整合系统中预先训练的深度学习预测模型，技术专家的能效优化经验可以辅助运维人员调整设备参数。设备参数调整后，系统将继续收集和学习输出结果，使深度学习预测模型在不断迭代中提升其准确性和安全性。专家系统中的实际操作经验将为人工智能算法模型提供控制建议，从而降低整体智能化运维的风险，实现系统性的能效智能优化，进一步降低数据中心的冷却成本。

6.2.4.2 效率类场景

电力系统的稳定以及适宜的物理环境温度是数据中心稳定运营的核心要素。为了确保机房的正常运作，众多数据中心采用监控系统和运维人员的定期巡查来检测和处理电热异常，以降低由电热故障引发的风险。由于现代数据中心的电力系统、制冷系统以及设备拓扑、工作状态和业务负载的多样性和复杂性，迅速识别和定位问题变得颇具挑战。面对这种复杂的运行环境，计算流体动力学（CFD）成为一种广泛使用的效率提升工具。通过CFD技术的仿真模拟，可以有效地识别出气流中的短路和热点区域，从而迅速找到导致局部温度升高的根源，并进行针对性的优化。仿真结果还可以用于评估和验证冷热气流隔离等改进措施的有效性。

6.3 数据中心智能化运维发展实践

通过全面总结案例实践成效与具体做法，希望能为推动数据中心运维向精细化、绿色化、智能化发展提供有益借鉴与参考。

6.3.1 以自动化设施提升运行效率

我国的互联网企业和第三方服务商正积极地投身于自动化运维的实践之中，但目前多数数据中心的自动化水平尚处于L2阶段。根据中国信息通信研究院的调研数据，超过90%的数据中心在面临如市电故障等情况时，难以实现在告警后高压变配电系统自动按设计要求分配电能。这表明，在智能化运维的先进理念以及软硬件协同工作方面，还有进一步提升的空间。要实现数据中心的“智能驾驶”，关键在于自动化设施能否全面覆盖问题的发现、诊断和处置等各个环节。在数据中心逐步向全面自动化运行迈进的过程中，企业需要重新审视并考量运维问题，包括逻辑和参数、设计和管理等。此外，对弱电领域的深入研究也将成为未来发展的重要一环。

6.3.2 以DCIM平台促进智能管理

目前，市场上涌现出大量的数据中心可视化管理平台和AI软件，这些工具主要服务于数据中心决策者进行数据展示，或是协助运维人员执行日常工作。根据ODCC对我国数据中心环境动力与设备监控系统的建设应用状况的研究，许多数据中心业主表示，他们难以把握这些智能产品的发展趋势。因此，仍有许多中小型数据中心依赖人工和表格进行日常管理。经过中国信息通信研究院的测试，能达到智能化管理L4级别的数据中心非常稀少。在数据采集方面，当采集器断开5分钟后，只有大约三成的数据中心能实现数据的断点续传。在故障告警速度上，近半数数据中心的告警反应时间超过30秒，仅有不到两成的数据中心能在20秒内发出告警，从而有效降低运营风险。在推动数据中心基础设施管理（DCIM）的高水平建设和智能化应用过程中，也出现了不少值得借鉴的案例。例如，腾讯在怀来瑞北云数据中心运用了自研的自动化管理平台“腾讯智维”，构建了一个连接园区、区域和总部的三级管理体系。通过优化告警链路，实现了秒级的快速感知。同时，利用图计算和物模型技术，大幅提升了告警的收敛速度和故障定位的准确度，准确率高达99%。另一个例子是数据港在张北的2A2数据中心。他们采用了微服务架构、先进的数据采集技术和分布式数据存储架构，将复杂的运行数据转化为可直接分析的有效信息，深入挖掘数据价值。这不仅减少了人为判断的干扰，还降低了严重故障和数据丢失的风险，从而增强了整个系统的安全性和稳定性，显著提升了数据中心的运营管理水平和效率。再如，中国·雅安大数据产业园1号楼运用了AI技术进行精细化的运维管理。他们利用实时的运行数据为运维人员提供预警，并结合建筑信息模型（BIM）的机电逻辑拓扑，准确找出故障的根本原因，帮助运维人员实现数据中心的科学和智能化管理。

6.3.3　以技术手段赋能运维体系变革

目前，我国数据中心在运维方面的标准化和流程化已经相当成熟，许多数据中心已经采纳了信息技术基础架构库（ITIL）等通用方法论，并将其流程嵌入到系统中。随着数据中心从重视建设转向重视运维，如何在庞大的运维信息中挖掘价值，并进一步提升运维管理的层次，已经成为提升运维价值的关键驱动力。在“东数西算”等国家政策的引领下，数据中心正朝着大型化、高密化、集群化的方向发展，而这也带来了一系列管理上的新挑战。

多元化的应用场景对数据中心运维提出了新的要求。近年来，数据中心设备供应商和大型数据中心企业已经开始探索将大数据、人工智能等先进技术深度融入运维管理体系中。例如，通过提升数据采集的实时性和精确性，研发节能和告警等数据模型，进行故障预测等，以进一步提高运维管理过程中的智能化水平。目前市场上已经有众多数据中心自动化运维管理工具和软件，如腾讯、百度、阿里巴巴等企业自主研发的智能运维管理平台、双碳管理平台等。同时，也出现了多种利用新技术和产品来增强多层次运维体系的出色解决方案。

6.3.4　以巡检机器人释放运维人力

目前，在数据中心行业内，许多企业对巡检和运维机器人的实际应用展开了积极的尝试和有效的探索。不过，关于智能化运维机器人的理解和应用，行业内尚存在不同的观点和认识。为了进一步推动机器人在行业中的实际应用，并促使数据中心逐步向真正的智能化运营转变，需要机器人技术研发企业、数据中心使用者以及设计建设单位等各方进一步加强合作，共同推动这一进程。

第7章　算力可信化与云网融合

算力可信化是指通过一系列技术手段和策略，确保算力资源的安全性、可靠性和稳定性，从而满足各种复杂计算任务的需求。在当前的数字化时代，算力已成为支撑各种应用和服务的关键基础设施，因此，实现算力可信化对于保障数字经济的健康发展具有重要意义。而云网融合则是信息技术与通信技术的深度融合，它旨在实现云计算与网络设施在供给、运营、服务等方面的一体化融合。云网融合不仅提升了数据处理和传输的效率，还为企业和个人用户提供了更加便捷、高效的服务体验。通过云网融合，可以更好地利用云计算的弹性伸缩和资源共享优势，推动数字化转型的深入发展。因此，算力可信化与云网融合是相辅相成、相互促进的。算力可信化为云网融合提供了坚实的安全保障，而云网融合则为算力可信化提供了更加广阔的应用场景和发展空间。在未来的数字经济发展中，算力可信化与云网融合将共同推动数字化转型的深入发展，为构建数字中国提供有力支撑。

7.1 算力可信化

算力作为推动社会进步的关键动力，其可信化已成为行业焦点。在数字化时代，确保算力可信性至关重要，要求网络和计算高度可信。当前，云边端协同的多级算力网络架构面临安全挑战，如安全边界模糊、网络暴露面增加等。传统安全防护模式已不适用。因此，需借助零信任、内生安全等理念，为网络数据包赋予身份信息，构建基于身份认证的零信任安全体系，以实现节点的隐身保护、攻击威胁阻断和网络整体可控。在构建可信算力中，网络和平台是关键。区块链技术作为基础设施，通过智能合约技术量化算力，并在分布式网络中实现共享流通，提升数据处理和资源共享效率。同时，数据安全性和确定性也至关重要。需引入创新安全理念，利用隐私保护技术确保节点间数据安全传输和计算。数据中台和数据确权作为重要手段，为算力网络提供数据服务和支持，确保数据流通合规和价值挖掘。

7.1.1 算力网络可信化

随着业务碎片化，传统IP地址为基础的安全边界失效。零信任技术以身份为核心，采用持续认证、动态授权的安全理念，构建云边端全面可信的安全防御体系。它通过“先认证再连接”方式，实现精准认证和自适应访问控制，为算力网络构建端到端的可信通信网络。

7.1.1.1 零信任技术的关键点

（1）加密技术。在现代社会，信息安全的需求大多依赖于加密理论来实现，而基于加密算法的加密技术则构成了零信任安全体系的核心基石。加密算法作为加密技术的关键，主要可分为对称加密、非对称加密和不可逆加密三大类别。每种加密算法都有其独特的特点和应用场景，共同为现代社会的信息安全保驾护航。

对称加密算法采用了对称密码编码技术，其核心特点在于加密和解密过程使用的是同一密钥。常见的对称加密算法包括DES（Data Eneryption Standard，数据加密标准）、AES（Advanced Encryption Standard，高级加密标准）以及SM1、SM4、SM7等。

非对称加密算法则不同，它涉及两个密钥：公钥和私钥，这两把密钥是配对的。在使用非对称加密算法时，接收方首先生成这对密钥，并将公钥公开给发送方。发送方使用公钥对机密信息进行加密，然后将加密后的密文发送给接收方。接收方收到密文后，利用自己保存的私钥进行解密。常见的非对称加密算法有RSA（Rivest-Shamir-Adleman算法）、DSA（Digtal Signature Algorithm，数字签名算法）、ECDSA（Liptie Eurve Digital Signature Algorithm，椭圆曲线数字签名算法）以及SM2、SM9等。

数字签名是不对称加密算法的一个典型应用。具体而言，数字签名是通过摘要算法提取出原始文件的摘要，并使用私钥进行加密后形成的内容。在应用过程中，数据源发送方首先使用哈希算法计算出待传送内容的固定长度摘要（即哈希值），随后使用自己的私钥对摘要进行加密。接着，发送方将公钥发送给接收方。接收方则利用发送方的公钥来解密收到的摘要密文，并对解密结果进行校验，从而验证签名的合法性。

（2）身份与访问管理。身份管理平台（Identity and Access Management，IAM）是实现以身份为核心的零信任架构的重要支撑组件。根据高德纳的定义，IAM的主要目标是确保正确的个人或“物”在正确的时间以正确的理由访问正确的资源。

①身份管理。身份管理涵盖为各种实体（如用户、组织、设备、应用及数据资源）配置数字化身份，并管理其生命周期。这些实体被赋予唯一的数

字身份标识（如用户UID），并经历从创建到撤销的完整生命周期管理，包括创建、修改、查询、冻结、激活和撤销等操作。目前，常用的数字身份生命周期管理服务包括公钥基础设施（PKI）和轻型目录访问协议（LDAP），其中LDAP是一个开放的工业标准协议，常用于单点登录，基于X.500标准。

②身份认证。身份认证是验证用户身份真实性的过程，依据包括秘密信息、实物凭证、生物特征和行为特征。认证技术多样，如口令、智能卡、生物特征等，而在零信任架构中，多因素认证（MFA）被广泛应用，结合多种认证方式以增强安全性。单点登录（SSO）允许用户一次登录访问多个应用，简化登录过程。联邦认证则用于跨组织间的身份验证，如SAML、OAuth和OpenID连接等标准。在零信任中，持续身份认证是关键，意味着验证过程在访问期间持续进行，确保用户身份始终合法，保护信息安全。

③单包认证。单包认证（SPA）是零信任“先认证后连接”模型的核心技术，通过严格检查设备或用户身份，丢弃所有TCP和UDP数据包且不回应连接尝试，防止潜在攻击者获取端口信息。认证通过后，端口才会开放并响应连接请求，有效阻止网络攻击，保护后端业务系统免受DDoS等威胁。SPA技术显著提高了网络安全性，确保只有合法验证和授权的设备或用户才能接入网络，对维护信息安全至关重要。

（3）访问控制。

①访问控制模型。为了适应不同应用场景下的访问控制需求，访问控制参考模型不断发展演变，形成了多种访问控制模型。自主访问控制（Discretionary Access Control，DAC），客体所有者自主设定其他用户的访问权限，分为基于行和列的访问控制，广泛应用于各种场景；强制访问控制（Mandatory Access Control，MAC），系统根据主体和客体的安全属性强制控制访问，更为严格，常用于军事、金融和政府等领域；基于角色的访问控制（Role Based Access Control，RBAC），根据角色授权和管理访问权限，用户与角色、角色与权限间为多对多关系，提高了权限管理效率；基于属性的访问控制（Attribute Based Access Control，ABAC），依据主体、客体、环境、行为和策略授权，支持细粒度和大规模访问控制，应对复杂安全需求；基于任务的访问控制（Task Based Access Control，TBAC），以任务为中心，基于工作流建模，动态授权，适应业务流程变化和安全性需求。

②反向代理技术。在SDP零信任安全框架中，反向代理服务器作为零信任网关，实现网络隐身和访问控制。它通过接收外部连接请求，转发给内部服务器，并返回结果给客户端，对外部表现为单一服务器。与传统代理不同，它主要服务于外部访问内部网络，自动处理外部HTTP请求。

③访问授权。在零信任环境中，网络代理整合了用户、设备和应用程序的信息，作为访问授权策略的基础。这有效应对了凭证窃取等威胁。网络代理仅在认证成功后按需生成，具有短时性特征。零信任架构遵循动态的最小权限原则，通过临时生成的网络代理赋予最小权限，并根据多因素动态调整权限，从而显著减少凭证窃取和越权访问等安全风险。

④持续信任评估。在构建基于身份的信任评估体系时，需重视数字身份的全生命周期管理，包括创建、验证和信任评估。零信任网络中，访问主体由用户、设备和应用程序组成的网络代理构成，具有短时性特点。因此，访问主体信任是动态的。评估时需考虑上下文风险，并结合异常行为检测，确保系统安全。

⑤动态访问控制。基于访问主体属性、上下文和行为特征，实现动态访问控制，形成零信任安全闭环。零信任架构采用RBAC和ABAC组合授权，实现灵活访问控制。分级访问策略基于主体信任等级和客体安全等级，降低风险。当环境存在风险时，实时干预并评估信任等级，与外部风险平台联动处置安全风险。

（4）终端安全技术。终端设备是信息系统基石，承载关键任务。随着技术发展，终端形态多样、分布广泛，管理复杂且易受攻击。终端安全是信息系统安全基础，需涵盖数据防泄漏、行为评估、安全管理、准入控制及安全加固等关键技术，以应对病毒等新型威胁，提升企业组网安全能力。

①终端基线检测技术。终端基线检测技术是确保设备安全的首道关卡，它设定了计算机运行时的最低安全标准。在零信任系统的信任评估前，基线检测确保设备安全配置，防止病毒入侵和扩散。安全基线涵盖服务、应用程序设置、操作系统配置、权限分配和系统参数规则，需根据应用场景设定“默认安全状态”。

②终端行为审计技术。终端行为审计是零信任架构的关键，可持续评估用户、设备和应用行为，动态调整访问权限。审计涉及安全基线、行为时

间、地点、用户信息、网络环境等。深度学习算法用于分析动态参数，提高识别准确性。评估结果决定设备权限等级，并触发二次认证、授权或禁用操作。

③终端应用安全技术。恶意应用是终端安全的主要威胁。为提升应用安全，出现了新型应用运行控制技术，包括应用身份校验（通过MD5哈希值验证）、应用签名校验（验证来源和完整性）、应用上线前评估（确保合规性和安全性）以及应用白名单技术（仅允许批准的应用运行）。这些技术结合使用，可增强终端应用安全性，降低风险。

④端检测与响应技术。端检测与响应技术（Endpoint Detection & Response，EDR）技术是零信任框架中终端安全的关键，它通过收集和分析终端事件行为，发现攻击细节并联动分析处置潜在威胁。EDR尤其擅长防范无文件攻击、用户凭证攻击等新型手段。在零信任环境中，EDR增强了终端防护能力，防止被远程控制或本地破坏，并提高了控制组件的效率，缩短安全事件响应时间。因此，EDR是构建零信任框架不可或缺的技术。

（5）行为分析技术。行为分析技术（User and Entity Behavior Analytics，UEBA）通过全面收集和分析用户及其他实体的行为数据，利用基本和高级分析方法检测异常活动。这些异常活动可能涉及内部或外部威胁。UEBA技术特征包括：以行为分析为导向，聚焦于用户与实体，采用全时空分析方法，并大量运用机器学习技术。它能发现难以模仿的行为模式，降低误报，提升安全运营绩效，并通过多源异构数据全面分析异常行为。

（6）流量分析技术。网络流量分析（Network Traffic Analysis，NTA）通过捕获和分析数据包，统计和评估流量协议，发现网络潜在问题。NTA部署在关键节点，全面分析东西向和南北向流量，集流量收集、深度分析和报告生成于一体，解答关键网络活动问题，帮助企业深入了解网络活动情况。

①零信任体系中，流量分析技术通过多维度分析精准识别可疑行为，并为持续评估与动态授权提供关键输入，支持UEBA模块，增强网络环境安全智能性。

②基于流量分析的攻击检测可迅速阻断恶意网络请求，确保网络可用性，并通过溯源分析识别攻击者，保障业务稳定运行。

③异常流量检测方法包括：针对DDoS攻击，通过日志和行为特征分析

定位攻击源头；分析用户日常流量识别异常；采用原始流量包采样分析结合算法，全面识别异常流量行为。

（7）外置安全与内生安全。在数字经济新时代，传统边界安全架构难以应对复杂网络威胁。新型关键信息基础设施需构建端到端保护能力，结合内生安全和外置安全。边缘接入需全面零信任化，并引入内生安全架构，推动技术和系统快速发展。

①边缘接入全面零信任化。随着万物互联和AI技术，数据和计算移至边缘，云计算也扩展至此。零信任边缘安全以其灵活适应性，适应计算边缘化，关键在于身份驱动和对各类边缘的支持。

②关键信息基础设施全面内生安全化。内生安全是网络的综合能力，形成自感知、自适应、自生长的免疫体系。内生安全体系将广泛应用于关键信息基础设施，包括零信任机制的内生安全网络、原生云安全和应用系统的零信任内生安全，保障网络和应用的安全。

7.1.1.2　零信任内生安全典型应用

基于对新型安全技术的发展与展望，结合算力网络现状分析，本节将重点介绍算力网络零信任内生安全的典型应用场景。

（1）算力网络用户接入零信任场景。

①算力网络用户接入零信任SDP场景。算力网络用户接入零信任SDP场景以身份认证为核心，通过SDP网关为网络提供隐身保护。安全中心平台和IAM系统共同评估用户终端风险，确保只有符合安全标准的用户能接入。零信任安全网关执行访问控制策略，精准控制用户访问，提升网络安全性。

②算力网络用户接入零信任内生安全场景。零信任内生安全网络系统适用于云边端协同的分布式多级算力网络。它提供安全可信的接入服务，主要部署模式有两种：基于零信任网关的模式，通过轻量网关和安全隧道确保认证用户安全接入；基于云化安全网关的模式，整合网络和安全能力于云交付服务中，提供灵活的安全服务。这两种模式均提供端到端安全防护，满足企业零信任内生安全需求。

（2）算力网络内部节点间协同的零信任安全防护场景。基于原生安全的网络安全方案，在算力网络中构建了一个先进的虚拟安全层，为网络内部节点间的协同工作提供零信任内生安全防护。这一方案的核心在于通过部署安全大脑，该大脑能够持续感知网络中的潜在威胁，并实时掌控整个网络的业务视图。这保证了安全大脑能够迅速响应并应对各种安全挑战。

云化安全网关作为关键组件，不仅建立了加密的数据传输隧道，确保了数据传输的安全性，而且接受安全大脑的集中管控。这种管控机制确保只有经过认证和授权的内部节点才能通过云化安全网关建立连接，从而有效防止未经授权的访问和数据泄露。

此外，原生安全的概念被深度融入这一方案中。原生安全强调在网络架构和底层通信协议的设计阶段就充分考虑安全性，从而避免了在后期添加安全补丁可能带来的问题和风险。这种从根源上保障安全的设计使得整个算力网络更加健壮、可靠，能够应对日益复杂的网络威胁。

7.1.2 算力平台可信化

传统互联网主要依赖中心化云计算和CDN满足实时数据业务需求，但日益增长的算力需求使得传统架构力不从心。特别是在移动时代，全球网络中存在大量闲置算力资源。区块链技术作为去中心化、安全可信的解决方案，通过智能合约技术实现算力量化，支持泛在用户进行协作计算和交易。这促使分布式云计算、算法和数据市场分离，为算力资源有效利用和交易提供新模式。

构建区块链算力共享网络能归集和有效利用闲置算力资源。算力提供者可通过提供闲置算力获得经济回报，需求者能以更灵活高效方式获取资源。这有助于释放算力资源潜力，推动计算行业创新。为实现这一目标，我们需要构建稳定、高效、安全的区块链网络，关注共识机制、经济模型、数据安全及隐私保护等方面。同时，还需确保算力交易公平透明，并为供需双方提供良好的用户体验。

7.1.2.1　区块链基础设施

（1）国内区块链基础设施建设情况。区块链技术作为新型基础设施的关键，正推动数据资产化和价值流转效率提升，成为数字经济的重要驱动力。国内主流企业积极响应政策，构建国家级区块链基础设施，如星火·链网和区块链服务网络，旨在促进产业数字化转型并提升区块链自主创新能力。这些基础设施以不同的模式提供稳定、安全的区块链服务，满足多样化的应用场景需求。

区块链服务基础设施和中央企业区块链合作创新平台是另外两个重要的区块链基础设施。区块链服务基础设施通过一键式部署降低开发者成本，提高区块链应用部署效率，已在四川、重庆等地提供服务，并计划扩展至全国。而中央企业区块链合作创新平台则依托央企资源，推动区块链核心技术自主创新，加速产业化和规模化进程，承载了部分示范应用。

展望未来，区块链技术将继续在数字经济、数字社会、数字政府等领域发挥重要作用。随着基础设施的进一步完善和优化，区块链将提供更稳定、高效、安全的服务，为构建智能、高效、安全的数字化世界提供有力支撑。区块链技术将引领未来价值网络生态的发展，重塑经济和社会结构。

（2）区块链基础设施建设在当前存在的问题。区块链技术作为新兴的技术领域，在推动数字经济发展、提升社会治理效率等方面具有巨大的潜力。然而，在区块链基础设施建设过程中，也面临着一些关键的问题和挑战。

①安全自主可控问题尤为突出。目前，尽管我国在区块链领域的专利申请数量较多，基础设施建设、产业公司等方面也在稳步发展，但与西方国家相比，我们在区块链基础理论和技术研究方面仍然存在一定的差距。大部分区块链技术平台是基于国外的开源技术和项目而衍生的，高质量的底层核心创新仍然不足。因此，强化区块链基础设施领域的基础研究，提升原始创新能力，确保底层硬件、基础设施核心技术和应用研发的安全自主可控，显得尤为重要。

②监管合规问题也是区块链基础设施建设的重要一环。随着区块链在赋能实体经济、创建数字经济新形态、服务政府民生和社会治理等方面发挥越来越重要的作用，监管的缺位和标准的滞后也带来了诸多挑战。如何在准确

界定监管责任的基础上实现多监管主体的有效协同，避免监管空白、重叠和套利，提高风险识别的准确率和防范的有效性，以及制定切实可行、可规模推广的监管标准，都是当前亟待解决的问题。

③基础应用难以有效开展是当前区块链技术发展面临的一大挑战。尽管区块链技术拥有颠覆传统产业的巨大潜力，但目前其应用仍受限于定制化、局域网式服务模式导致的高门槛、技术架构差异化和互操作难度。由于缺乏统一的架构和技术标准，不同区块链系统难以无缝对接和协同工作，增加了应用开发的复杂性和成本。当前区块链应用多局限于小范围试点，难以形成规模化示范应用，引发社会对落地成效的质疑。为解决这些问题，需加强区块链技术的标准化工作，建立统一的技术规范和标准，推动系统间的互操作性和兼容性，同时构建开发平台和服务体系，降低开发难度和成本，并加强普及和推广工作，提升社会对区块链技术的认知和接受度。

④安全可信的价值交换与联盟链缺乏互联互通是当前区块链技术发展的另一大瓶颈。区块链所构建的价值互联网面临跨链请求和信息交换的挑战，尤其是不同区块链间的信息孤岛和资产共享难题。尽管已有多种跨链结构尝试解决这些问题，但在灵活性和定制化方面仍有不足。为克服这些限制，需研发更高效、灵活和安全的跨链技术，加强跨链协议设计，推动区块链与云计算、大数据等技术的融合，并加强行业合作。同时，需加强区块链基础理论研究，完善监管体系，制定相关法规和标准，提升我国在全球区块链领域的竞争力。此外，还需加强区块链技术的普及和推广，提高公众认知度和接受度，推动其在更多领域的应用和发展。

（3）构建区块链基础设施需要的关键技术。构建区块链基础设施需从三个维度深入考量。

①区块链类型的选择。目前市场上存在三种主要的区块链类型：公有链、私有链和联盟链。公有链对所有用户开放，信息透明且不可篡改，但交易性能较低且监管难度大。私有链则对特定用户开放，交易速度快、成本低且易于监管，但其中心化特性并不符合区块链基础设施的去中心化要求。相比之下，联盟链在参与方之间有准入要求，其组织管理机制和多方共建的特点更符合基础设施建设的需要。因此，联盟链是构建区块链基础设施的首选。

②区块链的技术架构。包括物理层、数据层、网络层、共识层和应用层等多个方面。物理层是区块链运行的基石，需要借助云计算等成熟技术，提供稳定的网络、存储和算力资源。数据层的核心在于账户模型和数据结构的选择，Account模型因其高可编程性和对智能合约的友好性，更适合作为基础设施的账户模型技术。网络层、共识层和应用层则需要根据具体的业务需求和技术选型进行定制和优化。

③确保区块链基础设施的安全性和稳定性。包括加强节点的安全防护、优化共识算法以提高交易性能、建立有效的监管机制等。同时，我们还需要关注区块链技术的创新和发展，不断引入新的技术和理念，推动区块链基础设施的完善和优化。

（4）构建区块链基础设施的监管措施。区块链因其分布式、多中心化的特性，相较于传统信息系统而言，监管难度更大，同时也给安全技术带来了新的挑战。如何在区块链运作的各个环节提升监管的感知力，已成为构建区块链基础设施时亟待解决的重要问题。

对于大规模区块链基础设施的监管，高效共识与海量存储对于面向监管的网络至关重要；支持隐私保护的区块链身份追踪、内容审查及治理也是不可或缺的一环。通过运用密态数据审计架构、受控隐私保护的身份管理体系以及受控可删改区块链数据层架构等技术手段，并结合国产密码标准体系，可以在保障用户身份隐私和链上数据安全的前提下，对目标区块链用户行为和链上内容进行审计和监管，实现对违规用户的追溯和对违规内容的修改、撤销和删除。

7.1.2.2　基于区块链的算力共享交易

算力资源，包括网络、CPU、GPU、存储等，正变得至关重要，尤其在网络节点激增的背景下。大型数据中心凭借成本优势领先，但中小企业难以匹敌。市场需要一个去中心化的算力网络来平衡资源分配。然而，分布式算力网络面临隐私保护、服务质量不稳定及市场激励不足等挑战。区块链技术为这些问题提供解决方案，确保数据隐私，激励市场参与者构建高效、安全的网络。在元宇宙构建中，算力至关重要，区块链推动的去中心化算力网络将对元宇宙的算力重构产生深远影响。

（1）区块链算力计算网络。

①算力计算网络现状透视。在移动互联时代，全球网络节点的广泛分布导致算力资源大量闲置。区块链技术提供了整合这些分散算力资源并创造经济价值的可能，通过经济激励机制使算力资源得到市场回报，同时确保数据隐私和安全。尽管个人算力节点资源丰富，但潜力未被充分发掘。随着云计算的发展，分散的个人节点算力展现出巨大潜力。然而，要构建独立的分布式云算力市场，除了数据隐私保护外，还需解决经济激励问题，鼓励个人和公司出租闲置算力资源，但目前市场缺乏有效的经济激励模式推动大规模投入。

②区块链赋能算力计算网络。区块链技术以其数据隐私保护和经济激励特性，为构建分布式算力市场提供了可能。借助区块链，我们可以建立去中心化的算力租赁平台，使任何用户都能成为算力的出租方或租用方，从而形成一个由点对点节点组成的算力计算网络。这一网络不仅可应用于大数据分析、股票市场分析和医学研究，还能创建一个全球性的、开源的分布式超级计算机，降低复杂应用门槛，成为未来互联网服务和软件开发的关键部分。

③基于区块链的算力计算网络。区块链算力计算网络通过点对点网络体系连接个体计算机，允许应用程序所有者及个人用户租用其他用户的设备资源完成各类计算任务。与集中式云服务供应商不同，该网络基于区块链的交易系统提供算力交易清结算，支持IaaS和PaaS服务模式，允许用户自由发布和部署任务，并构建独特的算力计算激励机制。该网络打破了大型企业的主导格局，实现计算资源供应的多元化，并通过三个核心实体——计算资源供应商、请求者及软件服务开发者——共同构建的生态系统，为算力计算市场注入活力。

④区块链算力计算网络的实施方案。构建区块链算力计算网络时，基础设施搭建是关键。供应商提供算力资源，通过完成计算任务获得经济激励，而用户友好的界面让供应商能方便管理资源。为满足需求，网络需确保请求与服务的高效匹配，并提供全面、灵活的定价服务。软件和微服务在连接用户与算力资源中扮演重要角色，区块链算力计算网络需支持开发者友好地部署应用。用户通过智能合约注册应用，并在安全沙盒环境中执行代码。网络

的可扩展性、安全性和弹性是其核心优势，依赖强大的共识机制确保稳定运行。展望未来，区块链算力计算网络将作为Web3.0的重要部分，推动互联网去中心化发展，并需持续探索数据共享技术，成为功能多样、高效的微服务平台，推动整个生态系统的繁荣。

（2）区块链算力存储网络。在信息爆炸的时代，互联网虽然构建了庞大的分布式信息系统，但缺乏稳固的信息永久存储机制。当前，互联网主要依赖数据的集中存储，存在数据消失风险。为此，去中心化存储网络（DSN）采用分布式技术，将数据分割存储于多个供应方空间，不仅保护隐私、降低成本，还通过冗余备份确保数据可靠性，追求高速存储和传输，并开源其应用程序和算法，以期成为更为可靠、高效的数据存储解决方案。

①算力存储网络问题现状。企业面临数据安全和隐私保护的重大挑战，云端数据一旦泄露将带来极大风险。传统存储方式已无法满足海量数据存储需求。数据共享时，提供方往往未获得直接经济价值。全球云存储市场迅猛发展，但中心化存储存在无法保障版权、数据安全，面临服务商风险和数据价值化不足等缺陷。在Web 3.0时代，去中心化存储有望通过解决数据安全和隐私保护问题，实现数据价值化和隐私保护，从而成为关键解决方案。

②区块链助力算力存储网络。通过利用区块链分布式存储技术，我们可以构建底层应用以抢占新基建领域的先机，这不仅能响应国家“东数西算”战略，还可以助力供应链管理、金融科技和数字新媒体等领域，打造以去中心化信任为核心的新一代价值流通网络，提升信任传递效率、客户效能，控制风险，增强数字资产流动性，推动Web 3.0发展。此外，区块链算力存储网络能激发个人存储资源和内容的市场价值，创新互联网商业模式，并有望成为下一代互联网基础设施，解决中心化架构下的数据存储安全、用户协作时效和成本问题。然而，现有存储解决方案仍面临技术瓶颈，如数据价值分层、激励实现、代码优化、网络规模和I/O性能等，需综合考虑运维成本、服务质量和监管因素。该网络的数据访问和内容保持中立，为开发者提供了自由创新的平台。

③基于区块链的算力存储网络。BitTorrent作为去中心化存储的先驱，展现了其用户群对用户群（peer-to-peer）的分享模式优势，使得文件下载速度随用户增加而提升，且用户下载完成后可持续上传成为分享者。区块链

算力存储网络应借鉴此优势，创新构建持久且高效的分布式存储和文件共享网络传输协议。BitTorrent通过用户间相互转发文件部分，减轻了服务器负担，适合发布大型文档和自由软件。区块链算力存储网络的协议可作为HTTP的补充，构建面向全球的分布式版本文件系统，用户通过验证内容哈希值享受更快、更安全、更稳定的网页访问体验。

④区块链算力存储网络的实施方案。区块链算力存储网络融合了分布式系统与区块链技术，旨在构建高效的文件存储和分发网络协议。它为用户提供统一的可寻址数据存储，允许用户通过文件内容的唯一编码访问网络中的文件资源，提升访问速度并增强安全性。该网络整合了BitTorrent、Git、MerkleDAG等技术，鼓励用户分享数据以维护网络健康，同时支持文件内容的版本控制和不可篡改。区块链算力存储网络的核心优势在于其文件内容的切割、哈希值标识和Merkle DAG组织方式，实现了内容寻址、防篡改和去重功能。它利用分布式哈希列表（DHT）技术构建去中心化的键值对存储网络，确保网络的高效、稳定与容错性。此外，去中心化的文件域名系统使得用户可以通过易读的文件名访问文件，提高了用户体验。

7.1.3 算力内容可信化

7.1.3.1 数据中台

（1）数据中台的内涵。数据中台不仅是技术概念，更是企业管理核心理念，旨在解决前后台迭代速度不匹配的问题。前台系统直接面向用户，注重快速创新与迭代；后台系统则关注后端资源的管理与效率提升，但常因版本老旧和稳定性需求而难以快速变更。

高德纳的分层架构策略提出了按照“步速”划分应用系统的方法，包括记录系统、分化系统和创新系统，为“中台”概念提供了理论基础。中台位于前台与后台之间，通过二次整理与封装后台数据，平衡了前台的灵活性与后台的稳定性，成为企业架构中的关键角色。

数据中台的设计初衷是满足前台创新需求，支持规模化创新并引领用户服务。同时，它具备强大的数据分析能力，能从海量数据中提炼有价值信息，帮助企业从数据中学习并调整战略方向。数据中台的发展经历了数据库、数据仓库、数据平台到当前的数据中台阶段，每个阶段都代表了企业在数据管理与应用方面的重要进步。

表7-1　分层架构应用策略

属性	记录系统	分化系统	创新系统
变化层次	慢，不频繁并且增量。基本每6~12个月改进一次	适度且频繁，基本3~6个月改进一次	快速且频繁，几乎每周都有修改，有时甚至天天修改
生存周期	超过10年	1~3年	0~12月
计划周期	超过7年	1~2年	最多6个月
治理模式	全局总览	实时应对，业务驱动	灵活的Ad Hoc
权益所有权	业务与IT战略之间的高级业务主管参与协调；从业务到IT的正式对接	业务线高级业务主管参与协调，适度的业务主管参与	适度的业务主管参与。上层用户参与，通常通过业务用户，甚至绕过业务用户
资金支持	资本支出，以及相应的运营支出，来自公司或部门资金年度预算	资本支出和运营支出的组合，来自公司IT预算或部门支出预算。可自由支配	主要来自运营支出、部门费用预算、创新基金
架构	各个模块，有正式的前期蓝图设计	面向服务的体系结构和基于云的体系结构，通过组装新的和现有的打包应用程序和定制应用程序来增加复合应用	轻量级和紧急的，主要是服务消费者。移动和云占主导地位
应用生命周期管理方法	瀑布模型设计占比70%，增量开发大约占30%	瀑布模型设计占比40%，增量开发占比 50%，敏捷开发占比10%	瀑布模型设计占比10%，增量开发占比30%，敏捷开发占比60%

（2）数据中台实现方案。许多知名互联网公司如爱彼迎和优步采用了相似的数据中台架构。它们都注重数据的可扩展性、灵活性和可靠性，通过整合Hadoop生态系统构建了高效的数据处理和分析平台。爱彼迎设立了Hive集群的金集群和银集群以分离数据存储和计算功能，确保灾难恢复能力。优步

则构建了Hadoop数据湖，减少了在线数据存储压力，并致力于提升数据服务的横向扩展能力。

大部分互联网高科技公司的大数据平台基于云平台架构构建，其中K8s作为分布式集群管理系统，提供了高效的资源隔离与共享以及分布式计算的管理与调度能力。它支持混合技术架构，实现了资源的扁平化管理和上层分布式应用的支持。这种平台强调端到端的数据工具体系、闭环数据能力、跨部门的数据协同，并采用成熟系统作为基础组件以确保稳定性和可靠性。

互联网企业通常采用敏捷开发的思路建设数据平台，从开源架构起步，先搭建基础平台解决基础问题，再进行迭代优化。这种方式既满足了业务需求，又保证了平台的稳定性和可靠性。

（3）数据中台在算力网络架构中的设计和实现。数据中台是公共数据能力的高度抽象，它基于数据平台，通过数据集中入户、分布式计算分析和数据服务开放与价值共享，为业务与数据技术之间搭建沟通桥梁，注入发展动力。它关注数据存储、数据分析能力以及数据服务开放和价值共享，确保数据得到妥善管理、提供多种数据处理能力和高级功能，并通过开放服务实现数据价值的最大化，促进跨部门和业务场景的数据共享与应用。

①数据存储。随着我国大数据产业的快速发展，数据资源的采集和应用能力显著提升，构建高效数据存储体系变得尤为重要。其中，构建统一的元数据管理体系是关键，它有助于迅速定位和管理海量数据。传统“数据仓库”和“数据湖”方案存在局限性，本书推荐采用“湖仓一体”新型存储架构。该架构在数据湖基础上构建，提供了元数据管理、数据缓存和索引等功能，支持BI、报表、数据科学和机器学习等领域的统一访问。它通过标准存储格式和开源组件实现了数据操作的ACID事务性，提升了性能和可靠性。同时，“湖仓一体”架构支持AI应用，采用开放和标准化存储格式，支持多种API访问，降低了数据陈旧度、处理等待时间以及数据存储成本。这种架构在大数据管理和应用方面具有显著优势。

“湖仓一体”架构的实现关键在于采用如Apache Parquet等标准高效文件格式，将数据存储在成本效益高的对象中，并通过在对象存储上实现事务元数据层将数据定义为表格式。这一层不仅识别数据对象所属表，还引入

ACID事务和版本控制等管理功能。为保证SQL性能，需通过缓存、索引、辅助数据结构及优化数据布局等手段提升数据访问效率。此外，为增强易用性，架构应提供开放且声明式的DataFrame API，如SparkSQL框架中的实现，以提升高级分析工作的效率和数据管理功能。这些措施共同确保“湖仓一体”架构在大数据管理和分析中的高效性和易用性。

②分布式的计算分析。随着超规模数据中心时代的到来，大规模计算基础设施的调度成为关键，其中分布式的调度能力尤为重要，它通过作业调度器实现计算资源与数据资源的最佳匹配，以满足批处理、流处理、交互式大数据分析和图数据关联挖掘等需求，确保任务执行的高效与自动化，从而保障整个计算系统的稳定性和效率。

A.调度器模型。作业调度程序在分布式计算中扮演着调度器或资源管理器的角色，其核心职责是优化管理多个用户的计算作业与计算资源之间的匹配。它负责分配计算节点、CPU、GPU和内存等资源给作业，确保分布式计算环境的高效利用，以满足用户的多样化需求。

B.调度器分类。大数据架构主要分为计算存储绑定（如Hadoop和Spark集群）和计算存储分离两种类型。前者数据本地化减少数据移动，后者提升扩展灵活性但增加数据传输开销。调度层次上，工作流调度关注整个执行流程，而任务调度则基于分布式计算引擎分配资源，确保任务高效执行，对计算性能至关重要。

C.调度器开源架构。在大数据实践中，YARN和Oozie是任务调度和工作流调度的典型代表。YARN是计算存储绑定架构的关键组件，用于大数据生态中的任务调度，而Oozie则基于工作流引擎，使用hPDL定义工作流，支持分支、并发、汇合等功能。然而，随着大数据架构的演进，计算存储分离成为趋势，尤其在需要灵活扩展和高效数据传输的场景中。Hadoop的发展历程体现了这一趋势。从Hadoop 1.0时代计算和存储的紧密耦合，到Hadoop 2.0时代通过YARN实现计算层与数据的逐步解耦，再到Hadoop 3.0时代计算存储的完全分离，这种架构变革使得资源能够云化管理、灵活扩展，为用户提供更专业的存储和计算服务，提高计算可靠性和资源利用率。基于Kubernetes的调度是实现计算存储分离的典型方式。存储集群保持现有架构模式，如HDFS和Ozone，而计算集群则以容器形式运行在Kubernetes之上，实现良好的隔离和弹性扩缩容。这种架构大幅缩短了构建计算集群的时间，从原先的至少30min缩短到1~2min。

③数据服务开放和价值共享。中台团队需采取主动服务导向的高效运营模式，优化服务流程与质量，以强化在业务体系中的核心地位。数据中台作为解决传统IT架构弊端的方案，旨在整合资源、汇聚数据，为业务提供统一服务，并强调数据赋能以驱动业务变革。构建时需深入理解业务需求，确保数据中台为企业带来实际价值。

7.1.3.2 数据确权

在20世纪80年代，学术界逐渐将焦点投向了信息或信息资源的所有权问题。尽管我国已经相继出台了《民法典》《网络安全法》《数据安全法》以及《个人信息保护法》等一系列法律法规，用以规范数据权利，但这些法规的主要内容多聚焦于个人信息所有权和个人隐私安全等领域。然而，对于数据的确权以及数据垄断的治理等方面，仍需要进一步加以规范和完善。

（1）数据确权的技术手段。数据资源作为新兴生产要素，在多个专业领域发挥重要作用。鉴于其特殊性和复杂性，传统确权方式难以直接应用。学术界对数据产权的确认给予高度关注，主要技术手段包括数据引证、追溯、可逆信息隐藏、电子数据取证及区块链技术，并辅以数据产权管理信息系统。Micah Altman等学者在数据标引方面取得显著成果，对国际数据引用标准产生重要影响。数据追溯技术则用于回溯数据质量、跟踪所有者和记录变化，为确权提供支持。可逆信息隐藏技术在产权保护中表现突出，而电子数据取证则通过计算机辅助提取、分析和索引，提高了取证流程的可靠性和便捷性。

（2）数据确权技术方案。当前，数据确权技术尚不成熟，传统确权方式依赖于权属证明与专家评审，但存在主观性强、中心化程度高和缺乏永久保存机制等缺点。为解决这些问题，主流方案正探索结合加密技术和新型可信技术，以期提供更客观、公正和安全的解决方案，推动数据确权技术的进一步发展。

①数字水印。数字水印技术起源于1954年，旨在通过嵌入特定信息实现

数据载体的版本保护、保密通信等功能。自20世纪80年代末至90年代初，该领域取得显著进展，主要关注图像、视频和音频数据的水印技术，并因其成为打击数字媒体盗版工具而备受关注。数字水印技术具有隐蔽性、安全性和鲁棒性，可嵌入包括所有权信息在内的多种内容，用于保护数据载体的版权，并能在所有权纠纷时提供证明。然而，由于文本中冗余信息较少，文本水印技术发展相对缓慢。

②可信计算。可信计算（Trusted Computing，TC）是一项由TCG推动的前沿技术，通过结合硬件安全模块提升计算与通信系统的安全性。它基于信任根、硬件平台、操作系统和应用系统构建的信任链，确保每个环节都经过验证，显著提高IT系统安全性。自20世纪80年代起，可信计算经历了三个阶段：1.0关注主机防护，以容错技术确保可靠性；2.0扩展至个人计算机，以TPM为代表技术提供静态保护；3.0则扩展到整个网络防护。

③数据沿袭。数据沿袭，即数据血缘，是数据治理的关键概念，它详细追踪了数据从产生到使用的全生命周期。该技术不仅帮助理解、记录和可视化数据流动过程中的各个环节，还确保数据的可信来源、正确转换和指定位置的加载。对于战略决策，数据沿袭至关重要，因为它支持数据的准确性和完整性验证。数据沿袭技术还能追踪数据集的组成，精确推导数据所有权，适用于结构化和非结构化数据。数据关系可视化是其重要应用，如使用桑基图展示数据确权中的数据关系，为数据治理和决策提供有力支持。

（3）数据确权的未来发展。

①强化个人数据权利的法律保障与监管机制。过去，个人数据权利往往以个人信息或隐私的形式在法律中体现，但这并不足以全面反映个人数据权利的丰富内涵。因此，我们亟需制定专门的法律来全面保障个人数据权利。同时，考虑到互联网行业、数据交易等领域的快速发展，仅依靠个人信息和政府监管来保障数据安全是远远不够的。我们需及时制定更细致的规定，以适应当前社会数据的发展趋势。

②推进数据确权相关技术的研发与应用。随着技术的不断进步，数据确权领域的技术研究也日益重要。其中，数据沿袭技术和区块链技术尤为关键。数据沿袭技术对企业至关重要，它帮助理解数据的全生命周期和流转过

程。随着云服务的广泛应用，数据流转变得更为复杂。为了有效利用数据，企业需深入了解数据沿袭，以追踪数据的来源、变化和用途。区块链技术为数据确权带来新机遇，尽管性能有限，但未来前景广阔。通过将数据确权过程移至链上，可实现分布式的数据流转和计算，增强数据确权的可信度和安全性。同时，智能确权技术利用AI优势，提高数据确权准确性和效率，数据也为AI提供学习基础，实现二者相互促进。

7.1.3.3 隐私保护计算

算力网络节点众多，数据流通时面临隐私泄露风险。隐私保护监管加强了对数据安全的重视，但也引发了对合法合规的担忧。为确保数据在算力网络中安全传输和计算，可运用隐私保护计算技术，实现“数据可用不可见”，促进数据安全可信流通。

（1）隐私保护计算（PPC）的基本架构。主要涉及三类角色：数据方、计算方和使用方。数据方提供用于隐私保护计算的数据，可能来自边缘计算节点、算力网络节点、企业组织或个人；计算方提供执行隐私保护计算所需的算力；使用方则接收隐私保护计算的结果。在实际部署中，为实现数据资源的丰富、升维以及模型的智能化应用，参与实体至少为两个，每个实体可以担任一个或多个角色。

在算力网络中的数据安全生命周期中，保障数据作为生产要素的隐私合规性涉及多项关键技术。例如，在数据收集阶段，可以利用区块链技术进行算力网络节点中的数据确权。而对于隐私数据的全生命周期防护，虽然数据静态存储和数据传输的安全防护技术已相对成熟，如访问控制、存储加密、传输加密和内容审计等，但隐私计算保护技术则专注于数据计算过程和计算结果的隐私保护，从而完善隐私数据保护的技术栈。

（2）隐私保护计算关键技术。隐私保护计算是一个跨多个领域的跨学科技术体系，其核心在于为数据计算过程及结果提供强有力的隐私安全保护。随着密码学及硬件技术的迅猛发展，隐私计算的技术路径也在不断演进与变化。

①安全多方计算。安全多方计算（Secure Multi-Party Computation,

SMPC）由姚期智教授提出，解决多方计算中的数据安全问题，包括数据节点层、SMPC层、联合计算层、业务应用层和管理功能层。其核心是SMPC层，涉及隐匿查询、隐私求交等基础算法协议和秘密分享、同态加密等密码技术。部署有中心化和去中心化两种方式，适应不同场景。当前发展集中在通用型和特定问题型，如隐私集合求交集（Private Set Intersection，PSI）和隐私信息检索（Private Information Retrieval，PIR）。同态加密是关键技术，允许加密数据直接计算，保护隐私同时实现必要计算，广泛应用于金融、医疗等领域。PSI实现双方获取交集而不泄露额外信息，基于朴素哈希和伪随机函数的方法可实现PSI。

②联邦学习。联邦学习（Federated Learning，FL）解决了不同数据拥有者在不交换数据下协作的问题，保护用户隐私和数据规范。它涉及“协调方”“数据方”和“结果方”三种角色。根据数据集间用户和特征重叠程度，联邦学习分为三种类型：横向联邦学习，适用于相似特征但用户不同的场景，如不同地区的相同业务银行；纵向联邦学习，适用于相似用户但特征不同的场景，如银行和电商的数据合作；联邦迁移学习，适用于用户和特征重叠都小的场景，通过迁移学习思想解决单边数据规模小和标签样本少的问题。

③可信计算。可信计算利用硬件可信执行环境（Trusted Execution Environment，TEE）保护数据和应用，通过硬件级别的隔离提供强大安全保障。TEE是CPU的安全区域，确保代码和数据的机密性和完整性。可信计算提供远程证明、可信信道和数据密封等可信功能，保障多方计算中的数据安全和隐私。现有技术如Intel SGX、ARM TrustZone和AMD SEV等，其中Intel SGX在隐私计算中应用尤为成熟，它使用CPU指令保护Enclave中的数据，防止操作系统和特权用户的访问。TrustZone通过划分安全环境和普通环境，确保只有经过验证的程序才能进入安全环境，保障系统安全。

④关键技术对比。安全多方计算、联邦学习以及可信计算的对比描述见表7–2。

表7-2　SMPC、FL、TEE关键技术对比

	安全多方计算	联邦学习	可信计算
原理概述	在一个分布式网络中，多个参与实体各自持有秘密输入，各方希望共同完成对某函数的计算，而要求每个参与实体除计算结果外均不能得到其他用户的任何输入信息	一种机器学习设置，在中央服务器或服务提供商的协调下，多个实体协作建立共享的机器学习模型，而不让数据“出岛”	设备主处理器上一个安全区域，提供一个隔离的执行环境，保证隔离执行、可信应用的完整性、可信数据的机密性、安全存储等
技术特点	输入隐私性、计算正确性、去中心化性	几乎无损需两方参与、建立虚拟的共享模型	硬件级别的安全、芯片级别的隔离
关键技术	加密电路、不经意传输、同态加密	加密技术	硬件隔离技术、内部的软件/密码隔离技术
应用场景	联合数据分析、数据安全查询、数据可信交换等	联合数据统计、联合机器学习建模等	移动金融支付、指纹验证、面部识别、声纹识别
应用优势	既能充分实现数据持有节点间互联合作，又可保证秘密的安全性	既能在不违反数据隐私保护法律法规的前提下联合建立模型，又能保障个人隐私信息及数据安全	在用户连接更加频繁、数据交换更多的情况下提供更智能、更快捷的用户安全通道
技术劣势	密码运算复杂造成计算性能、通信性能问题，不同实现技术造成无法互通	仅适用于机器学习算法，不同实现之间依然存在互联互通问题	依赖硬件环境，必须确保芯片厂商可信，需由独立第三方运行维护

隐私计算技术各有千秋，安全多方计算虽精确且安全，但密码学运算复杂，开销大，限制其在大规模数据上的应用；联邦学习确保数据不离平台，保护隐私，但局限于机器学习且存在互联互通问题；可信计算基于硬件和密码学，通用、易用且性能优越，但需信任芯片厂商，存在风险。

7.2　云网融合

7.2.1　云网融合的内涵

为了推动自身从传统电信企业向智能化信息服务提供商的转型，中国电信在2016年发布了《CTNet2025网络架构重构白皮书》，并据此进行了网络架构的革新。几年的持续努力使得原本僵化、封闭的网络架构逐渐变得简洁、敏捷、开放和高效，初步达成了预定的转型目标。

随着云计算与网络的深度融合时代的到来，为了响应国家网络强国和网信立国的战略号召，中国电信积极承担社会经济数字化升级和新基建的重任，及时推出了《云网融合2030技术白皮书》。这份白皮书不仅全面解析了云网融合的概念、价值、需求、特性和愿景，还详细阐述了中国电信在云网融合方面的技术框架及其分三阶段的发展规划。同时，白皮书还深入探讨了云网融合技术的未来发展趋势，并结合中国电信的实际情况，提出了近期的关键行动计划和六大技术创新方向。

云网融合作为一个持续发展的新兴概念，在技术和战略层面都具有深远的意义。从技术角度看，云计算的核心是提供服务化的IT资源，而网络则致力于提供更为智能和灵活的连接。云网融合的本质在于"融合"，即通过采用虚拟化、云化甚至一体化的技术架构，构建出简洁、敏捷、开放、融合、安全和智能的新型信息基础设施。

从战略角度来看，云网融合代表着新型信息基础设施的重大变革。它要求运营商在云网技术和生产组织方式上进行全面而深入的创新与融合，从而推动业务形态、商业模式、运维体系、服务模式和人员结构等多方面的转变。这将使传统通信服务提供商成功转型为智能化数字服务提供商，为社会的数字化转型打造坚实且安全的基础。

7.2.2 云网融合的需求

云网融合不仅是技术进步的必然趋势，也是满足不断变化客户需求的必然结果。对于企业客户，多云部署、高效云边协同以及一体化服务开通等能够增强其市场竞争力；对于政府客户，随着数字城市和数字社区的建设，对云的效能和安全性提出了更高要求；对个人用户而言，基于云的XR等新兴应用已成为新的娱乐和生活方式；对家庭用户，云端的智慧家庭服务变得日益重要。这些不同的应用场景都对云网融合提出了新的挑战和需求。

7.2.2.1 网随云动

随着云计算及其在网络基础上的应用快速发展，云计算对网络的需求已从简单的专线接入转变为对网络能力的敏捷和易用性的需求。这种关系的演变正在从“云被动适应网络”转变为“网络主动适应云”，这需要对网络进行全面的升级和改造，以适应云计算的发展。

云对网络的需求可以从五个关键维度来评估：网络效能、网络的持续可用性、网络的智能化程度、网络的灵活适配性和网络的安全性，如图7–1所示。

（1）网络效能。其涉及网络支持云业务的基本性能，包括网络的覆盖范围和带宽。网络必须能够提供广泛的覆盖，满足云向边缘的延伸，并确保网络能够随云扩展。此外，网络需要提供灵活的带宽适配和充足的带宽保证，以满足云的即时需求。

（2）网络的持续可用性。它是指网络能够持续为云业务提供可靠连接的能力，包括提供与业务相匹配的确定性质量保障和差异化的连接服务质量。这需要通过网络的多层冗余、多路由选择、QoS机制以及资源的动态调度等技术来实现。

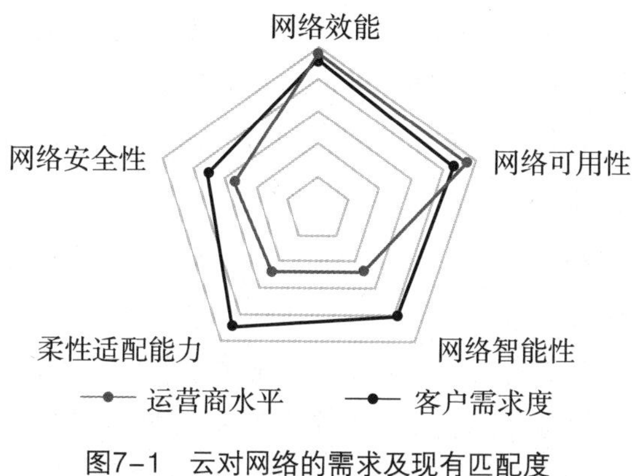

图7-1　云对网络的需求及现有匹配度

（3）网络的智能化程度。传统网络需要提升智能化水平，以满足云的灵活多变需求。这包括网络的弹性扩展能力、自动化的闭环操作、网络的可编程性、故障的快速发现和流量的自动切换以及全局网络资源的动态优化等。

（4）网络的灵活适配性。它是指网络能力服务能够快速开通和终止，且服务类型、功能和性能可以方便地进行修改和变更。这包括快速的服务开通、将网络能力拆解为原子服务，并通过统一的封装进行组合和编排，以及为云提供一个可配置、可调整和质量保证的整体网络。

（5）网络的安全性。网络必须为云业务提供安全保障，包括地址和标识的安全、协议的安全以及身份的安全。这需要访问控制、密码技术以及网络准入控制等措施来确保网络和数据的安全性。

为了满足这些需求，并缩小现有能力与云需求之间的差距，需要对网络进行一系列的改进和提升，特别是在SLA保障、原子能力服务化、网络的弹性伸缩和可编程性等方面提出更高的要求。这将有助于实现网络与云的更好协同和融合，以满足不断变化的市场需求。

7.2.2.2　网络云化

为适应互联网和云业务的迅速发展，传统的固定和刚性网络正在经历从硬件主导的结构向虚拟化、云化和服务化的转变。这种转变旨在达成资源的弹性分配、网络的敏捷组建以及智能化自动运行。在云网融合的背景下，网络云，也被称作电信云或CT云，已经成为网络服务功能的云化承载平台，代表了传统网络功能的云端扩展。然而也必须认识到，基于特定设备的传统网络在实时性、安全性、大容量和低延迟等方面，相较于传统的IT系统，有着更为严格和高标准的要求。

网络云化对网络云提出了一些具体技术要求，主要表现在以下几个方面。

（1）统一承载与集约运营能力。为了在网络云上统一承载多个专业的虚拟网络元素，我们需要引入除了通用计算能力之外的异构计算能力，以满足电信级虚拟网络元素对高性能和高可靠性的承载要求。同时，网络云资源池需要实现包括省、市和边缘在内的多级集约管理和协同运营，为开放高性能、安全、敏捷和可靠的网络服务能力奠定基础。

（2）虚拟网络能力的能力开放和增强。网络云的服务能力需要开放，以构建差异化和灵活的网络服务。这主要依赖于发挥虚拟网络元素的快速部署、弹性扩展和灵活编排的特点，以满足上层业务系统对网络能力的定制化和快速开通的需求。

（3）电信级安全性。我们需要建立一个自主、可控和可信的网络安全保障体系，为网络云上的各种电信级虚拟网络元素提供与传统物理网络元素等效，甚至更加安全的运行环境。

如图7-2所示的网络对云的需求及其现有匹配度，为了缩小和消除上述能力的差距，我们需要在现有的主要面向IT应用的云计算技术的基础上，对通用IT服务器、虚拟化平台以及云资源池管理平台等技术提出更高的要求。

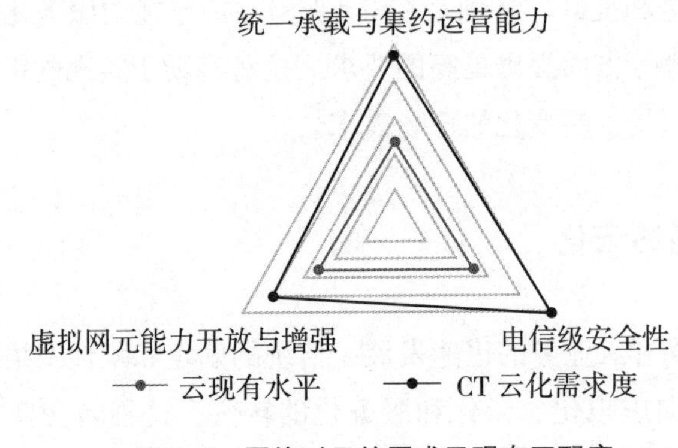

图7-2 网络对云的需求及现有匹配度

7.2.2.3　云数联动

随着云计算技术的不断进步和客户对数字化转型的迫切需求，以网络为基础、云计算为核心的综合信息服务正逐渐成为可能。这种服务将聚合并输出各种能力，构建一个数字化的平台，这也标志着数字经济时代下电信业务的转型方向。为了满足数字化平台的需求，云网能力将进行相应的转型升级。

数字化平台对云网的需求可以细分为以下五个关键方面。

（1）云端资源的冗余存储与多元接入。这意味着数字化平台需要灵活地配置和使用多个云服务及不同的网络接入方式，从而为用户提供更加全面且稳定的云网服务。

（2）云网能力的服务化供给。也就是将云网的各种资源和能力以服务的形式提供给数字化平台，同时支持多样化的服务模式和灵活的商业模型。

（3）云计算能力与数据的协同工作。这要求云服务能够满足数字化平台在数据存储、分布式处理、跨云数据调度以及多云备份等方面的需求。

（4）云原生的应用开发。数字化平台应能利用云网基础设施所提供的云原生开发能力，灵活地构建更高级别的数字化功能以及针对特定行业的数字化解决方案。

（5）云网的内建安全性。数字化平台所使用的云服务应具备内在的安全属性。同时，云平台也应向数字化平台开放其安全服务能力，以进一步提升数字化平台的安全防护水平。

如图7–3所示，数字化平台对云网的需求及其现有的匹配程度表明，上述五个方面仍有待大幅提升，以缩小实际能力与需求之间的差距。

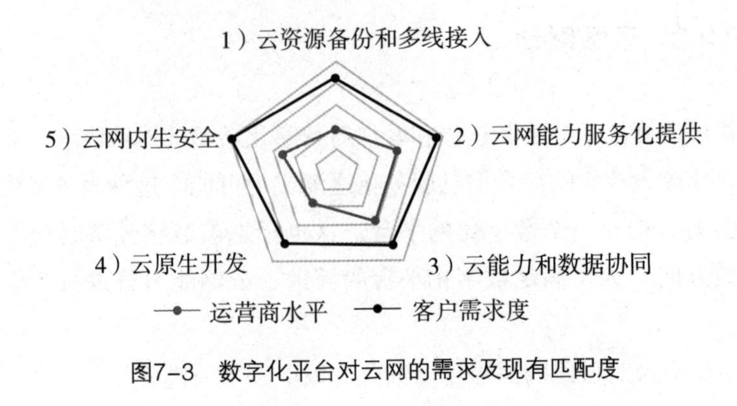

图7-3　数字化平台对云网的需求及现有匹配度

7.2.3　云网融合的意义和愿景架构

云网融合代表了一种由通信技术与信息技术的深度融合所带来的信息基础设施的根本性变革。它经历了协同、融合、一体三个发展阶段，最终的目标是将原本独立的云计算资源和网络设施合而为一，构建一个集供给、运营、服务于一体的综合体系。

"新基建"作为国家的重大发展战略，已经将网络、云计算和算力视为关键的基础设施。这一战略尤其强调了网络和云计算的结合，对云网融合提出了更高的要求。云网融合不仅成为通信基础设施、新技术基础设施和算力基础设施之间的连接桥梁，更是新基建中信息基础设施的重要组成部分。在这种趋势下，云网融合及其上的数字化平台已经成为技术发展的重要方向。

虽然电信运营商们都认同云网融合的理念，但各自的发展模式却有所不同。有的运营商专注于网络连接本身，致力于提供高质量的网络和云计算连接通道。在欧美市场，由于竞争激烈和高度分工，一些运营商虽然拥有数据中心和网络资源，但在市场竞争中仍难以立足，因此逐渐退出了云服务市场，转而扮演渠道销售和网络通道的角色。

另一种模式则是利用在网络、云计算和客户方面的综合优势，提供统一的云网解决方案。例如，日本运营商NTT就利用其全球的数据中心资源、

VPN网络和强大的IT服务能力，提供了完整的云计算解决方案，在本土云服务市场中占据了重要地位。

还有一种模式是生态模式，即在掌控云网核心能力的基础上，与多个云服务提供商和应用开发者合作，共同构建一个多元化的云网融合生态。这种模式侧重于基础能力的快速整合、应用能力的快速开发和个性化提供，旨在赋能各行各业。中国电信就选择了这种模式作为主要发展方向。

中国电信的云网融合愿景是通过实施虚拟化、云化和服务化，构建一个一体化的融合技术架构，以提供简洁、敏捷、开放、融合、安全和智能的新型信息基础设施资源供给。这个愿景架构主要包括三个部分：首先是统一的云网基础设施，它连接了各种网络，如移动通信网络、物联网和卫星网络，并接入了各种终端设备；其次是资源部分，包括云计算资源、网络资源、数据资源和算力资源，形成了一个多元化的资源体系；最后是统一的云网操作系统，它对各种资源进行统一的管理和编排，支持云原生的开发环境和面向业务的云网切面能力。这个操作系统还引入了云网大脑和安全内生能力，以实现智能化的资源管理和端到端的安全保障。这个云网操作系统能够全面支持数字化平台，为各种行业的数字化解决方案提供服务。

7.2.4 云网融合的发展及创新

云网融合是新型信息基础设施发展的核心驱动力，也是其发展的必然选择。在云网融合的发展过程中，网络是基础，必须构建一个简洁、敏捷、融合、开放、安全和智能的网络，为云计算和数字化转型提供强大的支撑。云是核心，作为数字化平台的基石，云为各种技术的演进提供了资源和能力。网络需要随云而动，根据云的需求进行弹性适配和敏捷开通。云网应实现一体化，打破传统的云和网的界限，构建统一的云网资源和服务能力。

云网融合并非一蹴而就，而是需要从多个维度出发，经历三个阶段的发展。首先是云网协同阶段，此阶段云和网在资源形态上相对独立，但可以通过基础设施层的对接实现业务的自动化开通和加载。接下来是云网融合阶段，云和网在逻辑架构和通用组件上逐渐趋同，实现资源管理和服务调度的深度整合。最终是云网一体阶段，云和网将彻底融合，打破彼此之间的界限，实现统一的云网运营管理平台和服务能力。

在云网融合的过程中，有几个重点技术创新领域值得关注。一是云网边端的智能协同，需要灵活高效地支持不同资源在云网边端的有效分布和协同工作。二是数据和算力等新型资源的融合，通过增加数据资源和算力资源维度，实现全局的资源共享和智能调度。三是云网资源的一体化管控，通过云网操作系统实现各种资源的统一管理和编排。四是一体化智能内生机制、端到端安全内生机制以及空天地海一体化的泛在连接等技术创新领域。

7.2.5　未来展望

云网融合是一个逐步演进的过程，它正在推动信息基础设施向算力时代转型。随着技术的不断进步，如云计算、大数据和人工智能等，新的业务领域如智慧城市、智能制造等正在快速发展。这些新技术和新业务对算力的需求日益增加，推动了云网融合的深入发展。云网融合将算力智能化、绿色化和可信化等核心技术融为一体，为新业务的发展提供了强大的动力。

与此同时，6G网络的发展与云网融合紧密相连。与5G相比，6G网络将具备更高的效率、更多的功能和更强的性能。6G网络的特性包括全频段覆盖、全场景应用、全面融合和高度确信性。这将构建一个空天地海一体化的网络架构，支持各种固移融合宽带接入技术。6G网络的智能化、简洁化和自治性将进一步提升网络的效率和可靠性。

当前，全球6G研究刚刚起步，技术路线尚不明朗。然而，中国电信已经提出了一个泛在超融合网络体系架构的愿景，该架构以“三层三扇”为主。这一愿景强调了云网融合在6G网络中的核心地位，同时也突出了智能柔性和安全可信等关键能力。此外，算力网络被认为是6G网络的潜在技术和关键能力，它将网络和计算深度融合，提高资源利用效率，并提供高质量的算力服务。

展望未来，云网融合的一体化运营将不仅推动通信技术的产业升级，还将创造新的生态和机遇。中国电信将继续致力于云网融合领域的研究与发展，与各方共同努力，形成共识，开创新的发展局面。这将引领行业迈向算力新时代，共同创造一个更美好的未来数字社会。

参考文献

[1]王志勤.算力：筑基数字化竞争力[M].北京：人民邮电出版社，2024.

[2]唐雄燕，鞠卫国，王元杰，等.未来网络2030[M].北京：人民邮电出版社，2022.

[3]吴英.边缘计算技术与应用[M].北京：机械工业出版社，2022.

[4]李正茂，雷波，孙震强，等.云网融合：算力时代的数字信息基础设施[M].北京：中信出版集团股份有限公司，2022.

[5]曹畅，唐雄燕，张帅，等.算力网络云网融合2.0时代的网络架构与关键技术[M].北京：电子工业出版社，2021.

[6]王晓云，段晓东，张昊.算力时代：一场新的产业革命[M].北京：中信出版集团股份有限公司，2021.

[7]吴冬升.从云端到边缘 边缘计算的产业链与行业应用[M].北京：人民邮电出版社，2021.

[8]朱雪田，王旭亮，夏旭，等.5G网络技术与业务应用[M].北京：电子工业出版社，2020.

[9]谢人超，黄韬，杨帆，等.边缘计算原理与实践[M].北京：人民邮电出版社，2019.

[10]张骏.边缘计算方法与工程实践[M].北京：电子工业出版社，2019.

[11]张炜，聂萌瑶，熊晶.云计算虚拟化技术与开发[M].北京：中国铁道出版社，2018.

[12]孙海伦，宋纯贺，于诗矛，等.边缘计算对工业互联网产业发展的重要意义及研究现状[J].自动化博览，2021，38（2）：17–21.

[13]俞磊.考虑综合运行效益的分布式电源最优选址定容研究[D].昆明：昆明理工大学，2022.

[14]毕晨豪，李志强.基于电市场与碳市场耦合含储能的微电网电源规划[J].上海电力大学学报，2023，39（3）：244–251.

[15]唐雄燕，王友祥，陈杲，等.边缘计算产业现状与发展建议[J].信息通信技术与政策，2020（2）：1–5.

[16]覃剑，赵蓓蕾，巫细波.中国数字经济一线城市算力建设研究[J].城市观察，2022（4）：125–136+163–164.

[17]陈寒冰.数字经济时代算力网络建构的国际比较与镜鉴[J].新疆社会科学，2021（5）：56–65.

[18]吕廷杰，刘峰.数字经济背景下的算力网络研究[J].北京交通大学学报（社会科学版），2021，20（1）：11–18.

[19]李政.基于云边融合的边缘计算平台的设计与实现[D].济南：山东大学，2022.

[20]赵宇，王建航，王涵，等.基于微服务的边缘信息基础设施平台框架[J].指挥信息系统与技术，2022，13（2）：73–79+100.

[21]刘建瓯.基于边缘计算的计算和网络融合系统架构设计和实现[D].西安：西安电子科技大学，2020.

[22]邱勤，徐天妮，张智杰，等.算力网络安全应用需求与关键技术研究[J].信息技术与标准化，2022（11）：19–24+33.

[23]戴中华.算力网络关键技术研究和实践[J].中国新通信，2022，24（12）：35–37.

[24]邢文娟，雷波，赵倩颖.算力基础设施发展现状与趋势展望[J].电信科学，2022，38（6）：51–61.

[25]邱勤，徐天妮，于乐，等.算力网络安全架构与数据安全治理技术[J].信息安全研究，2022，8（4）：340–350.

[26]段晓东，姚惠娟，付月霞，等.面向算网一体化演进的算力网络技术[J].电信科学，2021，37（10）：76–85.

[27]王少鹏，邱奔.算网协同对算力产业发展的影响分析[J].信息通信技术与政策，2022（3）：29–33.

[28]《新型电力系统发展蓝皮书》编写组.新型电力系统发展蓝皮书[M].北京：中国电力出版社，2023.

[29]高源.厂用电负荷参与源网荷储调度研究[D].北京：华北电力大学，2022.

[30]许鹏，何霖.新型电力系统下5G+云边端协同的源网荷储架构及关键技术初探[J].四川电力技术，2021，44（6）：67–73.